Alfred Möller

Protobasidiomyceten

Untersuchungen aus Brasilien

Alfred Möller

Protobasidiomyceten
Untersuchungen aus Brasilien

ISBN/EAN: 9783742855701

Hergestellt in Europa, USA, Kanada, Australien, Japan

Cover: Foto ©berggeist007 / pixelio.de

Manufactured and distributed by brebook publishing software
(www.brebook.com)

Alfred Möller

Protobasidiomyceten

Protobasidiomyceten.

Untersuchungen aus Brasilien

von

Alfred Möller.

Mit 6 Tafeln.

Jena,
VERLAG VON GUSTAV FISCHER.
1895.

Vorwort.

Als ich mich anschickte, zu längerem Aufenthalte und zum Zwecke mykologischer Untersuchungen nach Südbrasilien zu gehen, da stand der Gedanke im Vordergrunde, die durch Professor Brefeld begründeten Methoden zur künstlichen Kultur der Fadenpilze, die ich in mehrjähriger Arbeit in seinem Laboratorium kennen und ausüben gelernt hatte, nun anzuwenden an Ort und Stelle auf die Pilze des brasilischen Urwaldes. Dieser Absicht entsprechend war meine Ausrüstung beschafft. Den Arbeitsplan näher und in Einzelheiten zu bestimmen, etwa besondere Gruppen oder Familien in erster Linie ins Auge zu fassen, das war nach Lage unserer beschränkten Kenntnisse von der Pilzflora Südbrasiliens im voraus nicht möglich. Es konnte nur die Hoffnung gehegt werden, dass Formen möchten gefunden und der künstlichen Kultur zugänglich gemacht werden, welche als Ausgangspunkte, als niederste Entwickelungsglieder der grossen, in so unendlich zahlreichen Abwandlungen zur Herrschaft gelangten Reihen der Ascomyceten und Basidiomyceten sich darstellten, welche eben durch diese ihre Stellung für die von Brefeld in grossen Zügen festgelegten Auffassungen über das System der Pilze Bestätigungen oder Ergänzungen liefern könnten. Es konnte auch vielleicht daran gedacht werden, neue Pilze zu entdecken, die als Mittelglieder zwischen bisher nicht verwandtschaftlich zu verbindenden Formen und Formenreihen von Bedeutung sich erwiesen. Hoffnungen, wie sie im besonderen Falle z. B. durch die im vorigen Hefte dieser Mittheilungen beschriebene Protubera erfüllt worden sind. Ueber derartige allgemeine Erwägungen hinaus war ein specieller Plan nicht möglich.

Die Arbeit am Stationsorte begann mit unsicherem Umhersuchen in dem fremden, durch die Ueberfülle seiner Gestalten verwirrend, ja bisweilen erdrückend wirkenden Walde. Von planmässigem Suchen konnte zunächst keine Rede sein. Die allerverschiedensten Dinge wurden aufgenommen, betrachtet, untersucht, verworfen, bis Einzelnes zu genauer Untersuchung herangezogen wurde. Monate aber vergingen bei täglicher unausgesetzter Arbeit, bis in der Fülle der Anregungen einzelne Ziele auftauchten, denen nachzugehen Aussicht auf Erfolg verhiess und zu deren Erreichung das Material in besonders reicher Fülle vorhanden schien. Nun erst konnte das Sammeln im Walde planmässig betrieben werden, nun erst ging ich zum Sammeln hinaus, mit der bestimmten Absicht, dies oder jenes zu suchen. Es ist eine mehrfach bestätigte Erfahrung, dass erst von diesem Augenblicke an die Ausbeute sich in erheblichem Grade steigert, und dass erst bei planmässigem Suchen Material gewonnen wird, welches durch grössere Vollständigkeit allgemeinere Fragen zu lösen gestattet.

Keineswegs nun lagen die in der beschriebenen Weise gewonnenen Anknüpfungspunkte, die Arbeitscentren also, immer auf den Gebieten, die ich von vornherein vor der Abreise erhofft oder auf welche ich die Gedanken vornehmlich gerichtet hatte. Vielmehr stellten sich von ganz unerwarteter Seite Fragen ein, die meinem Anschauungskreise vordem fremd waren, an die ich auch gar nicht hatte denken können. Aber sie gewannen allmählich feste Gestalt und zwangen dem Beobachter Aufmerksamkeit ab.

So erging es mir zunächst mit den Schleppameisen und ihren

unterirdischen Pilzkulturen. Ich hatte nicht geglaubt, bei ihnen mykologische Arbeit zu finden, und auch nachdem ich sie flüchtig kennen gelernt und gelegentlich einen Blick in das eine oder andere ihrer Nester geworfen hatte, glaubte ich zunächst nicht, dass ich mich mit ihnen jahrelang würde zu beschäftigen haben und dass ihre Pilzkulturen mir so werthvolle mykologische Erkenntnisse vermitteln würden, wie sie es nachmalen gethan haben. Aber die Ameisen, denen ich täglich begegnete, die zahlreichen Nester, welche überall im Walde angetroffen wurden, im Garten oftmals zu vertilgen waren, ja unter der Schwelle des Hauses selbst sich vorfanden, drängten sich fast wider Willen auf; es zeigte sich in jedem Neste dieselbe Pilzmasse, und nachdem diese erst zwei und dreimal genauer betrachtet worden war, so war der Anstoss zur Arbeit gegeben, die ich dann planmässig in Angriff nahm.

Aehnlich erging es mir mit den Pilzblumen, welche ich im vorigen Hefte dieser Mittheilungen beschrieben habe. Es konnte nicht von vornherein meine Absicht sein, mit Phalloideen mich eingehend zu beschäftigen. Nur wenige Formen waren aus ganz Südamerika bekannt, fast stets nur in je einem oder wenigen Exemplaren gefunden, es stand auch nicht zu erhoffen, dass ihre Untersuchung nach den von mir ins Auge gefassten Richtungen hin erhebliche Aufschlüsse würde liefern können. Allein nachdem ich wenige entwickelte Fruchtkörper dieser wunderbaren Gestalten lebend zu Gesicht bekommen hatte, so wurde durch sie die Aufmerksamkeit mächtig angezogen, und zahlreiche nun mit der Absicht sie zu suchen unternommene Ausflüge im Laufe der Jahre brachten mich in Besitz eines Materiales, welches alle vorher etwa berechtigten Erwartungen weit übertraf.

Ganz anders wie in den beiden erwähnten Fällen liegt es mit den Untersuchungen, über die ich diesmal zu berichten habe. Diese Untersuchungen lagen ganz und gar in meinem Plane. Auf Protobasidiomyceten richtete ich von Anfang an meine Hauptaufmerksamkeit, und nachdem ich für das Sammeln und Suchen in Herrn Gärtner einen Gehülfen gefunden hatte, so machte ich ihn immer und immer wieder darauf aufmerksam, ja nichts zu übersehen, was durch gallertige oder schleimige Beschaffenheit der Fruchtkörper auf eine Zugehörigkeit zu diesem Formenkreise etwa deuten könnte.

Noch war ja nicht lange Zeit vergangen, seit Brefelds VII. und VIII. Band der Untersuchungen erschienen war, jenes grosse Werk, das gerade durch die sorgsame, an Erfolgen so reiche Untersuchung der Protobasidiomyceten eine Fülle neuer Aufklärungen gebracht hatte, welche für die Systematik der Basidiomyceten in erster Linie, dann aber für die gesammte Pilzsystematik von grundlegender Bedeutung sich erwiesen. Unter dem frischen Eindruck, den dieses Werk mir hinterlassen hatte, ging ich nach Brasilien. Was war natürlicher, als der lebhafte Wunsch, aus der Reihe der Protobasidiomyceten, deren Formenanzahl vorläufig beschränkt war, die auch nach Brefelds Vermuthungen sicherlich noch viele aussereuropäische Vertreter haben mussten, neue ergänzende Funde zu machen. Durch das damalige fast vollständige Fehlen der ausländischen Protobasidiomyceten in den europäischen Sammlungen konnte meine Hoffnung um so weniger entmuthigt werden, als diese Pilze sich meist schlecht dazu eignen, getrocknet, zwischen Papier gepresst, den Herbarien einverleibt zu werden, und als sie um dieser Eigenschaften willen von den meisten Sammlern vernachlässigt worden waren. Dazu kommt, dass die anatomische Struktur, insbesondere der Bau des Hymeniums, in vielen Fällen sicher nur erkannt werden kann, wenn frisches Material zur Untersuchung vorliegt, während eine gründliche Beurtheilung des Hülfsmittels der künstlichen Kultur in Nährlösungen gar nicht entrathen kann. Derartige Versuche waren in den Tropen bis dahin überhaupt noch nicht gemacht. Hier also musste ich hoffen, etwas leisten zu können. Meine Erwartungen wurden durch die Wirklichkeit weit übertroffen. Es zeigte sich, dass der südbrasilische Wald ganz ausserordentlich reich ist an Vertretern dieser Familie, und unter ihnen fand ich neue Typen, welche die Vorstellungen von diesem Formenkreise in wesentlichen Punkten bereicherten, andere, welche durch die Resultate der künstlichen Kultur systematisch wichtige Schlüsse gestatteten, Formen, welche dem entsprachen, was ich bei meiner Abreise mir als Ziel der Arbeit erträumt hatte, und deren Auffindung ich die grösste Freude, die schönsten Tage meines brasilischen Aufenthaltes danke.

Zu derselben Zeit, als ich diesen Pilzen in Blumenau meine Aufmerksamkeit zuwendete, hat Herr von Lagerheim in Ecuador ebenfalls Protobasidiomyceten gesammelt und z. Th. auch an Ort und Stelle untersucht. Sie wurden nach Frankreich gesendet und unter Zuhülfenahme der Lagerheimschen Aufzeichnungen von Herrn Patouillard in verschiedenen Aufsätzen, hauptsächlich in den „Champignons de l'Équateur" (Bull. de la soc. Mycol. de France" 1891—93) veröffentlicht. Unter den a. a. O. aufgeführten neuen Pilzen befinden sich manche, welche den von mir untersuchten z. Th. sehr nahe stehen. Insbesondere ist es gewiss ein merkwürdiges Zusammentreffen, dass die bis dahin ganz unbekannte, so eigenartige und interessante Gattung Sirobasidium Pat. von mir im März 1892 gefunden und untersucht und im December desselben Jahres von Patouillard im Journal de botanique aus Ecuador veröffentlicht wurde. Ich war nicht wenig erstaunt, eine nahe Verwandte meiner für ganz neu von mir gehaltenen brasilischen Form bereits abgebildet zu finden, als ich im Jahre 1894 die französische mykologische Literatur der letzten Jahre zu durchmustern Gelegenheit fand. Der wesentlichste Unterschied meiner Untersuchungen und Mittheilungen gegenüber denen der Herren Patouillard und Lagerheim liegt darin, dass ich überall, wo es irgend möglich war, die Untersuchung im Wege der künstlichen Kultur nach Brefelds Methode führte. Ich werde weitere Beweise dafür beibringen, dass Brefeld nicht nur für die Tremellineen im engeren, sondern für den grössten Theil der ganzen Klasse der Protobasidiomyceten Recht hatte, wenn er zum Schrecken vieler Systematiker sich dahin äusserte, dass bei der Beurtheilung, ja bei der Benennung dieser Pilze allein die Cultur der Sporen und die Entwickelungsgeschichte entscheiden müsse. (Brefeld VII Seite 129.)

Die hier mitgetheilten Thatsachen sind ohne Ausnahme in meinem Laboratorium in Blumenau in Brasilien festgestellt worden. Die Photographien sind nach dem frischen Material an Ort und Stelle aufgenommen, alle Zeichnungen in Blumenau ausgeführt und die Notizen über alle Funde und Einzelheiten der Untersuchungen sind stets sofort aufgezeichnet worden.

Die von mir benutzten zwei Mikroskope stammen aus der Fabrik von W. & H. Seibert in Wetzlar. Ich erfülle unaufgefordert gern an dieser Stelle eine Pflicht der Dankbarkeit, wenn ich besonders hervorhebe, wie diese Instrumente bei fast täglichem Gebrauche in dem tropischen Klima sich drei Jahre hindurch in jeder Beziehung ausgezeichnet bewährt haben. Insbesondere ist mir ein von den Herren Seibert für die Zwecke der Beobachtung wachsender Pilzmycelien im offenen Tropfen eigens construirtes Objektiv (V) mit aussergewöhnlich weitem Focal-Abstande bei der täglichen Durchmusterung meiner Objektträgerkulturen von grösstem Nutzen gewesen.

Auf die möglichst sorgsame, naturgetreue Ausführung der Zeichnungen ist viel Mühe verwendet worden. Dass diese Mühe aber nicht vergebens war, sondern für die Herstellung der lithographischen Tafeln bis in alle Einzelheiten ausgenutzt wurde, ist das Verdienst der lithographischen Anstalt des Herrn Giltsch in Jena, dem ich hier für die liebenswürdige Sorgfalt danke, welche er den Tafeln angedeihen liess.

Es lag mir daran, alles, was ich über die Protobasidiomyceten hatte feststellen können, in zusammenhängender Darstellung vorzutragen, und dies war nicht möglich ohne eine genauere Berücksichtigung der einschlägigen Literatur und ohne eine dadurch bedingte einheitliche Neubearbeitung des gesammten Stoffes. Diese Arbeit ist in Berlin im Winter 1894/95 ausgeführt worden unter Benutzung der Literatur im Königlichen botanischen Museum. Wie im Vorwort des vorigen Heftes, so habe ich auch hier wieder Herrn Geheimrath Professor Engler meinen Dank zu sagen für die mir jeder Zeit gewährte Erlaubnis zur Benutzung der Hülfsmittel des Instituts; auch den Herren P. Hennings und Dr. Lindau bin ich nach wie vor zu aufrichtigem Danke verbunden für das liebenswürdige Interesse, welches sie meiner Arbeit zuwandten, und für ihre stets bereitwillig gewährte Hülfe und Unterstützung. Herr Dr. Lindau hat die Mühe nicht gescheut, mir wiederum bei den Correkturen freundlichst zu helfen.

Den allerherzlichsten Dank aber gerade bei Gelegenheit dieser Arbeit auszusprechen ist mir Pflicht gegenüber meinem hochverehrten Lehrer Herrn Professor Brefeld. Ist doch diese ganze Arbeit nur möglich gewesen auf dem sicheren Grunde der Anschauungen, wie sie von ihm vornehmlich in seinem VII. und VIII. Bande der Untersuchungen aus dem Gesammtgebiete der Mykologie niedergelegt worden sind. Zeigen zu können, wie beliebige, bis dahin nie beobachtete, vom Boden des brasilischen Urwaldes aufgelesene Pilzformen, eine nach der anderen und ohne Ausnahme als unwidersprechliche Zeugen auftraten für die Richtigkeit jener Anschauungen, bestätigend bis in die winzigsten Einzelheiten, ergänzend nach oftmals vorhergesehenen und schon angedeuteten Richtungen hin, niemals, auch nicht bei unparteiischster Prüfung, widersprechend, das ist mir die grösste und nachhaltigste Freude gewesen.

Idstein, Juli 1895.

Inhaltsübersicht.

Einleitung.

Die Klasse der Protobasidiomyceten klar und scharf abgegrenzt, in ihrem morphologischen Werthe deutlich erkannt und dementsprechend benannt zu haben, ist das grosse Verdienst Brefelds. Im Jahre 1887 im VII. Bande seiner „Untersuchungen aus dem Gesammtgebiete der Mykologie" gab er die Mittheilungen über umfangreiche Untersuchungen einer grossen Anzahl hierher gehöriger Pilze und begründete auf die neuen dort sicher festgestellten Thatsachen hin die an derselben Stelle zum ersten Male als Protobasidiomyceten von ihm bezeichnete Klasse. Es gehören hierher alle Basidiomyceten mit getheilten Basidien. Bei weitem die Mehrzahl der bis dahin bekannten derartigen Formen besitzt Fruchtkörper von schleimig gallertiger Beschaffenheit und meist äusserst unregelmässige und unbestimmte Gestalt. Die äussere Gestalt der Fruchtkörper ist es nun gewesen, die von den älteren Mykologen bei der Beurtheilung der Verwandtschaftsverhältnisse für die höheren Pilze zu Grunde gelegt wurde und so lange massgebend sein musste, als die optischen Hülfsmittel und die technische Gewandtheit den Beobachtern einen zweifelfreien Einblick in den anatomischen Bau dieser Pilze und besonders ihres Hymeniums nicht gestattete. So ist es gekommen, dass die als natürliche Klasse nun sicher erkannten Protobasidiomyceten thatsächlich ungefähr zusammenfallen mit früheren systematischen Einheiten, welche ohne genügende Kenntnisse der wichtigsten Eigenschaften ihrer Glieder aufgestellt worden waren. Sie decken sich im wesentlichen mit dem, was Tulasne unter dem Titel: Fungi Tremellini et leurs alliés im Jahre 1872 in den Annales des sciences nat. behandelt hat. Aber sie decken sich damit auch nur zum Theile. Gar mancher Pilz fand sich unter den Tremellinen im alten Sinne, der bei genauerer Untersuchung als gar nicht dorthin gehörig sich erwies. Namentlich waren es die Dacryomyceten, welche man eben wegen ihrer der der Tremellinen oftmals ähnelnden Fruchtkörperbeschaffenheit mit ihnen zusammenfassen zu müssen meinte, obwohl sie ungetheilte Basidien besitzen und dadurch unzweifelhaft bekunden, dass sie in einem nahen blutsverwandtschaftlichen Verhältnisse zu den Tremellinen nicht stehen. Dass auch Ptychogaster, jene zu Oligoporus ustilaginoides gehörige, von Brefeld (VIII S. 126) genau untersuchte Chlamydosporenform irrthümlicherweise bei den „alliés" der Tremellinen gestanden hat, sei nur erwähnt.

Indessen war Tulasne, zumal im Jahre 1872, als seine letzte mit dem angeführten Titel bezeichnete Veröffentlichung über diesen Gegenstand erschien, bereits weit über jenen Standpunkt der Beurtheilung hinausgegangen, welcher sich an der Berücksichtigung der äusseren Fruchtkörperformen genügen liess. Er hatte die Hymenien einer grossen Anzahl seiner Tremellinen genauer untersucht und seine Befunde in vielen Abbildungen dargestellt. Er unterschied auch richtig drei Typen der Basidienbildung, nämlich den der heutigen Auricularieen mit langen, fadenförmigen, horizontal getheilten Basidien, welchen er z. B. für Pilacre und für seinen Hypochnus purpureus (gleich Helicobasidium Pat.) feststellte, den zweiten mit kugligen über Kreuz senkrecht getheilten, für die heutigen Tremellaceen charakteristisch, endlich den der Dacryomyceten mit gabelig gestalteten zweisporigen ungetheilten Basidien. Die scharfe und für die Morphologie der Basidiomyceten so wichtige Scheidung aber, der ungetheilten und der getheilten Basidie, vollzog er nicht. Diese in ihrer wahren Bedeutung hervorzuheben blieb Brefeld vorbehalten.

Unabhängig von Brefeld hat, und zwar in demselben Jahre 1887, auch Patouillard in seinem Buche „les Hyménomycètes d'Europe" die Trennung der Basidiomyceten mit getheilten und der mit ungetheilten Basidien als erstes Eintheilungsprinzip aller Basidiomyceten aufgestellt. Er nennt die ersteren Heterobasidiés und die anderen Homobasidiés, und diese Namen finden sich in der französischen Literatur anstatt der von Brefeld gewählten, Proto- und Autobasidiomyceten häufig verwendet. Es ist möglich, dass eine literar-historische Untersuchung eine Priorität der Patouillardschen Bezeichnungen vor den Brefeldschen würde feststellen können. Dennoch bleiben jene für uns unannehmbar, weil ihr Begründer selbst durch seine weiteren Mittheilungen, durch die Art, wie er bekannte und später neu aufgefundene Formen seinen beiden Klassen einreiht, unzweifelhaft zeigt, dass das, was er unter Heterobasidiés verstanden wissen will, den Werth einer natürlichen Klasse oder Ordnung nicht hat. Dies zu begründen wird im weiteren Verlaufe dieser Mittheilungen noch öfters Gelegenheit sich finden. Hier sei nur soviel hervorgehoben, als nötig ist, um den Verfasser zu rechtfertigen dafür, dass er an der Bezeichnung Protobasidiomyceten als an der einzig zutreffenden festhalten zu sollen meint.

Das grosse Verdienst Brefelds um die Systematik der höheren Pilze, welches er sich in dem VII. und VIII. Bande seiner Untersuchungen erwarb, bestand nur zu einem Theile in der grundsätzlichen Scheidung der Formen mit getheilten und der mit ungetheilten Basidien. Von viel tieferer Bedeutung war es, dass in jenem Werke der bis dahin ganz unbestimmte Begriff der Basidie selbst morphologisch festgestellt wurde. „So alt die Namen Ascomyceten und Basidiomyceten sind, so „allbekannt und geläufig die „Ascen" und die „Basidien" in den

„Schlauchfrüchten und in den Schwämmen ihrer Erscheinung nach „jedem Botaniker geworden sind, so neuen Datums ist gleichwohl „die wirkliche Erkenntniss des morphologischen Werthes beider „Fruchtformen und im Zusammenhange hiermit die richtige Be- „urtheilung des Charakters beider Pilzklassen.“ (Brefeld IX. Seite 1.)

Brefeld erst hat nachgewiesen, richtig erkannt und gelehrt, dass die Basidie aufzufassen sei als der zu bestimmter Form und Sporenanzahl fortgeschrittene Conidien-Träger, so wie der Ascus das zu bestimmter Form und Sporenanzahl vorgeschrittene Sporangium. Erst mit dieser Erkenntniss war eine Scheidung der niederen von den höheren Pilzen gegeben, der Hyphomyceten und Mesomyceten von den Mycomyceten, in dieser Erkenntniss lag der Schlüssel zum Verständniss der verwandtschaftlichen Beziehungen im ganzen Reiche der Fadenpilze. Dies näher zu begründen, ist hier nicht der Ort. Brefeld hat es in eingehender Weise im VII.—X. Bde. seines Werkes gethan. In kürzerer Zusammenfassung ist eine Darstellung dieser Verhältnisse von v. Tavel in seiner Morphologie der Pilze (Jena, Gustav Fischer, 1892) gegeben worden. Trotzdem aber ist das Verständniss für die überall durch sichere und unzweideutige Thatsachen belegten Auffassungen nur erst einem sehr kleinen Theile der Mykologen aufgegangen. Patouillard, der Begründer der Hétérobasidiés, zeigt uns durch viele seiner Beschreibungen neuer Pilze, dass er die wahre Bedeutung der Basidie nicht erkannt hat. Er führt z. B. unter seinen Hétérobasidiés eine neue Gattung Helicobasidion zunächst mit der Art H. purpureum ein (vergl. Bull. soc. bot. de France 1885 S. 171; ebenda 1886 S. 335. Ferner: Tabulae analyticae fungorum No. 161 und Hyménomycètes d'Europe 1887.) Auf den Zeichnungen in den Hyménom. d'Europe sehen wir einen bischofstabartig eingekrümmten Faden, der sich in eine unbestimmte Anzahl von Abtheilungen durch Querscheidewände theilt; sodann kommen seitlich aus einer oder zwei der Theilzellen sterigmenartige Fortsätze hervor. Dass eine solche

Bildung, wie sie der Autor hier darstellt, als Basidie nicht anzusprechen ist*), kann keinem Zweifel unterliegen. Es fehlt jede Bestimmtheit der Form und Sporenzahl. Durch die Abbildungen in den Tabulae analyticae wird die Unklarheit nur noch grösser. Dort kommen sogar aus einer Theilzelle zwei Sterigmata. Noch schlimmer steht es mit dem aus Venezuela beschriebenen Helicobasidium cirrhatum, wo nur eine Endzelle eines gekrümmten Fadens ein Sterigma mit einer Spore hervorbringt (Champ. de Venezuela in Bull. soc. myc. de France Bd. 4 Seite 7 ff.). — Die in derselben Abhandlung neu aufgestellte Gattung Delortia, welche auch ich in Brasilien mehrfach gesehen habe, bildet am Ende dünner Fäden dicke mehr oder weniger gekrümmte oder eingerollte Fadenenden, welche durch Querwände in eine unbestimmte Anzahl von Theilzellen zerfallen. Nie wurde ein Sterigma oder eine Spore gesehen, und trotzdem mit dieser vorläufig höchstens zu den Fungi imperfecti zu stellenden Form eine neue Gattung der Heterobasidiés begründet. Aus diesen Andeutungen schon geht klar hervor, dass Patouillard den Begriff seiner Heterobasidiés nicht scharf gefasst hat, dass seine Heterobasidiés sich mit den scharf umgrenzten Protobasidiomyceten Brefelds nicht decken, seine Bezeichnungen also für unseren Standpunkt der Beurtheilung nicht verwerthbar sind. Dies folgt ferner mit Nothwendigkeit daraus, dass Patouillard die Dacryomyceten mit unter seine Heterobasidiés einbegreift. Die Dacryomyceten aber haben nach den zahlreichen Untersuchungen Tulasnes und Brefelds ungetheilte Basidien. Jene Querscheidewände im unteren Theile des Sterigma, welche der französische Mykologe in seinen Hyménomycètes d'Europe abbildet,

*) In Wirklichkeit ist dieses Helicobasidium, wie Costantin auch angiebt (Journal de botanique II S. 229 ff.), nichts als der von Tulasne beschriebene und wahrscheinlich nicht ganz correkt abgebildete Hypochnus purpureus (Ann. d. sc. nat. bot. 1872 Pl. X), der allerdings mit grosser Wahrscheinlichkeit den Auriculariaceen zugerechnet werden kann. Was indess Patouillard über diesen Pilz mittheilt, rechtfertigt seine Einordnung unter die Protobasidiomyceten nicht.

kommen nirgends in Wirklichkeit vor. Die zahlreichen neuen Dacryomycetenformen, welche ich in Brasilien entdeckte, untersuchte und kultivirte, und über die ich im nächsten Hefte dieser Mittheilungen zu berichten hoffe, verhielten sich in dieser Beziehung durchaus übereinstimmend mit den von Tulasne und Brefeld untersuchten. Wenn also die Dacryomyceten zu den Hétérobasidiés Patouillards gehören, so fallen sie doch ganz sicher nicht unter die Protobasidiomyceten Brefelds, mit denen allein wir hier zu thun haben. Es kann nicht deutlich genug betont werden, dass die Dacryomyceten Autobasidiomyceten sind, welche wahrscheinlich mit den Clavarieen nähere verwandtschaftliche Beziehungen haben, und dass aus ihrem bisweilen dem der Tremellinen ähnlichen Habitus gar nichts für ihre Zugehörigkeit zu diesen letzteren zu folgern ist. Es ist aufs höchste wunderbar, dass der verstorbene Schröter, ein so gründlicher Kenner und scharfsinniger Beurtheiler der Pilzformen, er, der die Trennung der Auricularieen, Tremellinen und Dacryomyceten in seinen Pilzen Schlesiens als einer der ersten bewusst vollzog, in der Bearbeitung der Pilze für Engler und Prantls natürliche Pflanzenfamilien ein Schema der Verwandtschaftsverhältnisse der einzelnen Formenkreise aufstellte, welches die Dacryomyceten mit den Tremellinen unter dem neuen, aber nicht glücklich gewählten Namen Schizobasidieen zusammenfasste. Einer solchen Gruppirung ist auf das entschiedenste entgegenzutreten. Die von Schröter neueingeführten Namen Schizobasidien und Phragmobasidien werden im Folgenden nicht angewendet werden. Sie betonen einen Unterschied der getheilten Basidien mit wagerechten Wänden einerseits, mit senkrechten andererseits, welcher, wie ich zeigen werde, in Wirklichkeit nicht in dieser Schärfe besteht, vielmehr durch Zwischenglieder, welche besonders in der neuen Gruppe der Sirobasidiaceen gegeben sind, fast vollständig ausgeglichen wird.

Noch sei es gestattet, ehe ich zur Mittheilung der Untersuchungen selbst übergehe, über die Bedeutung, welche ich im

Folgenden mit den Ausdrücken Spore und Conidie verbinde, eine kurze Anmerkung zu machen. Diese beiden Ausdrücke werden in der neueren mykologischen Literatur ohne scharfen Unterschied für dieselben Bildungen abwechselnd angewendet. Fast stillschweigend ist man dagegen übereingekommen, die in den Ascen und auf den Basidien entstehenden Bildungen ausschliesslich als Sporen, nie als Conidien zu bezeichnen, während man andere an beliebigen Conidienträgern abgegliederte Zellen ebensowohl Conidien wie auch Sporen nennt. Nachdem wir nun klar erkannt haben, welches der Unterschied zwischen dem Conidienträger und der Basidie ist, genau wissen, dass die Basidie und damit die ganze Klasse der Basidiomyceten eben da anfängt, wo der nach Form und Conidienzahl unbestimmte Conidienträger zur Bestimmtheit der Form und Sporenzahl übergeht, erscheint es mir zunächst für die Basidiomyceten zweckmässig, unter Sporen schlechthin hier nur Basidiensporen zu verstehen, und alle anderen der Fortpflanzung und Verbreitung der Art dienenden Conidienformen nur als Conidien und nie als Sporen zu bezeichnen. Eine Ausnahme bilden die Sekundärsporen, auf die ich im Laufe der Arbeit noch näher zu sprechen komme. Sie sind wesensgleich mit den Basidiensporen. Die Ausdrücke Promycelium und Sporidien sind nach dem jetzigen Standpunkte unserer Kenntnisse ganz überflüssig geworden. Das Promycelium mit den Sporidien bei den Uredinaceen ist eine echte Basidie, die Sporidien sind hier Sporen. Die mit dem gleichen Namen bei Ustilagineen bezeichnete Bildung ist ein Conidienträger, die Sporidien sind hier Conidien.

Ich kann bei dieser Gelegenheit die Bemerkung nicht unterdrücken, dass es mir höchst zweckmässig und im Interesse einer kurzen, Missverständnisse ausschliessenden Ausdrucksweise zu sein scheint, wenn man allgemein für alle Mycomyceten unter „Sporen" nur die in Ascen oder auf Basidien gebildeten Sporen versteht. Nimmt man dann noch die Ausdrücke Chlamydosporen und Oidien in dem von Brefeld festgestellten Sinne (Brefeld VIII. S. 211 ff.)

und Conidien hinzu, so kann man alle weiteren Bezeichnungen für der Fortpflanzung und Verbreitung dienende Zellen, insbesondere die nur Verwirrung stiftenden Namen „Spermatien", „Stylosporen", „Sporidien" entbehren, und die im Laufe langer Jahre durch die Arbeit der Mykologen allmählich gewonnene und von Brefeld aufs einleuchtendste dargelegte klare Auffassung aller verschiedenen Fruchtformen kommt alsdann auch in der Terminologie zum einfachen Ausdruck. Wo es nothwendig ist, kann man die verschiedenen Formen der Conidien als Sprossconidien, Macro- und Microconidien u. s. w. näher bezeichnen.

Eintheilung der Protobasidiomyceten.

Wir theilen die Protobasidiomyceten in sechs Familien, über deren vergleichsweisen Werth und verwandtschaftliche Beziehungen zu einander wir am Schlusse der Arbeit sicherer urtheilen werden.

I. Auriculariaceen.

Sie besitzen wagerecht getheilte viersporige Basidien und beginnen mit Formen, welche diese Basidien frei am Mycel, in unregelmässiger Anordnung tragen. Die Steigerung der Formen zu solchen mit Fruchtkörpern vollzieht sich mit Bezug auf die Hauptfruchtform, die Basidie, und führt zu gymnokarpen Fruchtkörpern von hoher polyporeenartiger Ausbildung.

Die Auriculariaceen zerfallen in drei Gruppen:

1. Stypinelleen.
2. Platygloeen.
3. Auricularieen.

II. Uredinaceen.

Sie besitzen dieselben Basidien, wie die vorhergehende Familie, aber die Basidien treten stets frei und nicht in Fruchtkörpern auf und brechen immer aus Chlamydosporen (Teleutosporen) hervor. Die Steigerung der Formen zu solchen mit Fruchtkörpern vollzieht sich mit Bezug auf die Chlamydosporen und die kleinen, früher als Spermatien bezeichneten Conidien. Parasitische Lebensweise hat allen Angehörigen dieser Familie einen besonderen Charakter verliehen. Ueber die Eintheilung der Familie, welche im Folgenden nicht eingehender behandelt wird, vergleiche u. a. v. Tavel Vergleichende Morphologie d. Pilze S. 123ff.

III. Pilacraceen.

Sie besitzen dieselben Basidien wie die vorangegangenen Familien. Die Steigerung der Formen vollzieht sich mit Bezug auf die Hauptfruchtform, die Basidie, und führt zu *angiokarper* Fruchtkörperbildung.

IV. Sirobasidiaceen.

Sie besitzen Basidien, welche, wenigstens in manchen Fällen, eine Zwischenstufe zwischen denen der vorangehenden und denen der folgenden Familien einnehmen, im Ganzen aber den letzteren näher stehen. Die Basidien werden in langen Ketten hinter einander von demselben Mycelfaden gebildet. Die nur erst wenigen bekannten Formen lassen eine Fruchtkörperbildung kaum in den ersten Anfängen erkennen.

V. Tremellaceen.

Sie besitzen lotrecht getheilte, rundliche, oder ei- oder keulenförmige Basidien mit vier Theilzellen und vier Sporen. Genau entsprechend den Auriculariaceen beginnen sie mit fruchtkörperlosen Formen, mit freien Basidien. Die Steigerung vollzieht sich mit Bezug auf die Hauptfruchtform (daneben in seltenen Fällen, wie bei Craterocolla, mit Bezug auf eine der Nebenfruchtformen) und führt zu gymnokarpen Fruchtkörpern von hoher Ausbildung. Hierher gehören die höchst entwickelten Protobasidiomyceten. Die Tremellaceen zerfallen in fünf Gruppen, nämlich:

1. Stypelleen.
2. Exidiopsideen.
3. Tremellineen.
4. Protopolyporeen.
5. Protohydneen.

VI. Hyaloriaceen.

Sie besitzen Basidien von derselben Form, wie die vorhergehende Familie. Die einzige bisher aufgefundene Form dieser Familie zeigt in genauer Parallele mit den Pilacraceen die Anfänge angiokarper Fruchtkörperbildung.

I.

Auriculariaceen.

1. Stypinelleen.

a. Stypinella Schröter.

Die von Schröter (Pilze Schlesiens S. 383) aufgestellte Gattung enthält die am einfachsten gebauten, niedersten aller bis dahin bekannten Auriculariaceen. Sie zeigt einen unregelmässig verwirrten Hyphenfilz, an dessen Fäden die Basidien einzeln ohne bestimmte Anordnung auftreten. Hierher gehört ein Pilz: **Stypinella orthobasidion nov. spec.**, den ich im März 1893 an vermodernden Rindenstückchen am Boden des Waldes entdeckte (unweit von Blumenau am Caetébache, Aufstieg zum Spitzkopf). Er bildet auf der dunklen Rinde kleine, weisse, unregelmässig rundlich umschriebene, lockere Flöckchen von 1 bis 3 mm Durchmesser und kaum 1 mm Höhe. Die Flöckchen stehen in grosser Zahl bei einander, berühren sich häufig und verschmelzen dann mit einander. Sie werden gebildet von dickwandigen, ungefähr 6 μ starken Hyphen, welche locker verflochten, am Grunde unregelmässig verwirrt sind, nach dem Rande und nach oben hin sich reich verzweigen und zu verschiedener Höhe ausstrahlen, ohne ein glattes Lager hervorzubringen. Die dem Substrat nächsten Fäden sind schwach gelblich gefärbt, die übrigen rein weiss. Der Verlauf der Fäden ist stark wellig verbogen, oftmals geknickt. Zahlreiche Scheidewände sind vorhanden, und an jeder derselben bemerkt man eine grosse leicht kenntliche Schnallenzelle (Taf. IV Fig. 1). Die Verzweigungen der Fäden gehen fast regelmässig von den Schnallen aus. Die äussersten Enden des Fadengewirres, aber keineswegs alle, werden zu Basidien, deren Höhe über dem Substrat in weiten Grenzen schwankt. Manche Basidien ragen ihrer ganzen Länge nach frei aus dem Fadengeflecht heraus, andere wieder haben ihre Ansatzstelle so tief, dass kaum die oberste Spore über die benachbarten Fäden heraussieht. Die Basidien sind ganz gerade, fast regelmässig 30 μ lang, und gegen den Faden durch sehr viel zartere Membran unterschieden. Sie theilen sich durch wagerechte Wände in je 4 Zellen. Die pfriemenförmigen, 2,5 μ langen Sterigmen sprossen immer dicht unter der Scheidewand aus und tragen länglich ovale Sporen von 7 μ Länge und 4—5 μ Breite. Die Sporen nehmen den ganzen Inhalt der Basidie in sich auf, und wenn sie abgeworfen sind, so schrumpft die leere Basidie zusammen und ist wegen der Zartheit ihrer Wände nur schwer noch zu erkennen (vergl. die Fig 1). Diejenige Fadenzelle, welche die Basidie trägt, zeigt eine Neigung zu bestimmterer Form, als sie den übrigen Zellen zukommt. Sie ist kürzer als die übrigen und ein wenig mehr geschwollen. In ihr sammelt sich, ehe die Basidie austritt, das Protoplasma auch aus den zunächst rückwärts liegenden Fadentheilen, welches beim Austreiben der Basidie verzehrt wird. Dicht unter der tragenden Zelle, und zwar auf der Scheidewand derselben gegen die nächstfolgende Zelle, tritt gewöhnlich ein Seitenzweig auf, welcher die entleerte Basidie übergipfelt und nun selbst wieder eine Basidie hervorbringt. In dieser Weise setzt der kleine Rasen sein centrifugales Wachsthum fort, der Protoplasmainhalt der hinteren und unteren Fäden wandert in die fortwachsenden Spitzen. Basidien in allen Bildungszuständen sieht man stets neben einander.

Zwischen den Fäden des Pilzes fanden sich oftmals abgefallene Sporen, welche eine Sekundärspore getrieben hatten (vergl. die Fig. 1). Sobald ich aber Sporen in Wasser oder Nährlösung auffing, so zog sich ihr Inhalt auf $^{2}/_{3}$ des Raumes zusammen, und in diesem Zustande verblieben sie, so lange ich sie beobachten konnte, ohne dass je eine Keimung eingetreten wäre.

Es ist ausser Zweifel, dass die eben beschriebene Form der Schröterschen Stypinella purpurea sehr nahe steht. Bei letzterer sind die Basidien bogenförmig zurückgekrümmt, und das ganze Lager des Pilzes hat braune bis blutrothe Färbung. Die Stypinella purpurea ist nach Schröter gleichbedeutend mit dem schon früher (s. S. 5) erwähnten, von Tulasne (Ann. sc. nat. V. Série Tome XV Tafel 10) abgebildeten Hypochnus purpureus. Es ist wohl ziemlich sicher, dass auch diese Stypinella purpurea regelmässig viertheilige Basidien besitzt, wie unsere St. orthobasidion, obwohl das aus den Tulasneschen Figuren nicht ganz zweifellos hervorgeht. Wir müssen aber berücksichtigen, dass bei vielen Auricularieen die Bildung der Sporen an der Basidie nicht auf einmal, sondern nach und nach geschieht, dass die entleerten Basidienzellen undeutlich werden, dass die Scheidewände innerhalb der Basidie auch oftmals sehr dünn sind, und dass Tulasne, dem die bestimmte Form der Basidie nicht als ihr wichtigster Charakter bekannt war, keine Veranlassung hatte, genau zu prüfen, ob an jeder Basidie regelmässig vier Theilzellen aufträten. Es bedarf nur geringer Ergänzungen, insbesondere der Einfügung einiger Theilungswände, um aus der Tulasneschen Zeichnung das vermuthlich richtige Bild der Stypinella purpurea zu gewinnen.

Sein feines Formgefühl bekundete aber Tulasne auch durch die Bemerkung, welche er über den damals noch nicht abgebildeten Hypochnus purpureus in einer früheren Abhandlung aus dem Jahre 1865 (Ann. sc. nat. bot. V. Sér. Tome IV) gemacht hat, wo es heisst: „On sera certainement frappé comme nous, de la ressemblance singulière qu'offrent les crosses fertiles de l'Hypochnus purpureus avec le promycelium des Puccinies et autres Urédinées“ und weiter: „La similitude n'est même pas moindre pour les corps reproducteurs, spores ou sporidies, et nous trouvons certainement là un exemple des analogies qui peuvent relier deux membres, d'ailleurs très dissemblables, d'une famille végétale.“ Diese in der That für Tulasnes Scharfblick höchst charakteristische Aeusserung ist wohl geeignet, uns die letzten Zweifel an der Zugehörigkeit jenes „Hypochnus purpureus“ zu den Auriculariaceen zu nehmen. Schröter hat nun mit vollem Rechte den neuen Gattungsnamen Stypinella eingesetzt, da Hypochnus zu den Autobasidiomyceten gehört, aber den Tulasneschen Artnamen beibehalten.

Nun ist, wie ebenfalls schon angedeutet wurde, wahrscheinlich derselbe Pilz von Patouillard zuerst im Jahre 1885 im Bulletin de la Soc. bot. de France unter dem Namen Helicobasidium purpureum beschrieben worden; Schröter hat, und meines Erachtens wiederum mit vollem Rechte, hiervon keine Notiz genommen. Wie ich schon obenandeutete, enthält die lange Beschreibung Patouillards nichts von dem, was uns den von ihm untersuchten Pilz als einen Basidiomyceten oder gar als Protobasidiomyceten kennzeichnet. Die Basidien sind ganz unregelmässig gebildet, die Anzahl der Scheidewände durchaus schwankend, ebensowohl die der Sterigmen. Die lange Ergänzung zu seiner Beschreibung, welche der Autor im Jahre 1886 (Bull. Soc. bot. de France, 1886, p. 335) nachgetragen hat, klärt uns über die wichtigsten Punkte nicht besser auf. Hier wird auch eine Conidienfruktifikation des Pilzes beschrieben. Doch fehlt es an jedem Versuche eines Beweises, dass sie nicht einem fremden Pilze, sondern wirklich dem „Helicobasidium“ zugehört. Es ist wohl möglich, dass der Patouillardsche Pilz unsere Stypinella ist, und die oben bereits angeführte Bemerkung Costantins (s. S. 5) scheint das zu bestätigen. Da aber Patouillard, der die Tulasneschen Abbildungen doch kennen musste, nichts darüber erwähnt, und seine Worte und Zeichnungen keine Auriculariacee darstellen, so habe ich es für richtig gehalten, den Schröterschen

Namen beizubehalten. Schröters Gattungsbeschreibung ist klar und deutlich. Aus derselben muss nur die Bemerkung über die Krümmung der Basidien wegfallen. Diese Krümmung charakterisiert die Stypinella purpurea im Gegensatze zu der neuen Art Stypinella orthobasidion.

Eine weitere Art seines Genus Helicobasidium hat Patouillard unter dem Namen H. cirrhatum in seinen Champ. de Vénézuela (Bull. soc. mycol. de France Bd. 4 S. 7) beschrieben. Auch hier giebt die Beschreibung und die Abbildung der scheinbar einsporigen sogenannten Basidie keinen Anhalt dafür, dass wir es mit einem Basidiomyceten zu thun haben, und man kann dies Helicobasidium cirrhatum vorläufig nur unter den „Fungi imperfecti" aufführen, jener Sammlung von Pilzen, über die zur Zeit unsere Kenntnisse so „imperfekt" sind, dass ihre Stellung in dem System auch nicht annähernd zu bestimmen ist.

b. Saccoblastia nov. gen.

In die Familien der Stypinelleen gehören zwei weitere Formen, die ich um einer Eigenthümlichkeit bei der Basidienbildung willen mit dem neuen Gattungsnamen Saccoblastia bezeichnet habe. Die erste der beiden: **Saccoblastia ovispora nov. spec.** wurde am 3. September 1892 an der Rinde eines stehenden abgestorbenen Stammes gefunden. Sie bildete einen dünnen, fast durchsichtigen lockeren weissen Ueberzug, der in ganz unregelmässiger Umgrenzung mehrere Centimeter in jeder Richtung sich ausdehnte. Bei sehr feuchtem Wetter sieht dieser Ueberzug fast schleimig aus, da das Gewirr der Fäden Wasser zwischen sich festhält, bei trocknerem Wetter dagegen bemerkt man nur einen lockeren Hyphenfilz, der bei vollständigem Trocknen zur Unsichtbarkeit zusammenfällt. Aus einem wirren, dem Substrat sich anschmiegenden Filze von Fäden, die reich verzweigt sind, höchstens 6 μ Dicke haben, viele Scheidewände, zahlreiche Fadenbrücken, aber keine Schnallen besitzen, erheben sich senkrecht und annähernd parallel, die etwas dünneren Hyphen, welche an ihren Enden die Basidien erzeugen (Taf. IV Fig. 3 a). Aus dem untersten Theile einer Fadenendzelle sprosst seitwärts eine Art birnenförmigen Sackes. Dieser Sack wendet sich nach unten und hängt, wenn er seine volle Grösse erreicht hat, wie eine Birne an dem senkrecht aufstrebenden Faden (Fig. 3a, b, c). Die Grösse ist nicht ganz bestimmt, im Durchschnitt 30 μ in der Länge und 8 μ in der grössten Breite. Dieser Sack füllt sich mit strotzendem Protoplasma. Während er sich bildet, wächst aus dem oberen Ende derselben Fadenzelle die künftige Basidie in Gestalt eines schlanken Fadens hervor (Fig. 3c, d). Diese Basidie erreicht aber ihre volle Länge immer erst, nachdem der Sack vollständig ausgebildet und mit Protoplasma erfüllt ist. Sie misst jetzt etwa 100 μ in der Länge. Man kann nun deutlich verfolgen, dass allmählich der ganze Inhalt des Sackes von unten anfangend (Fig. 3e) in die sich verlängernde Basidie hineinwandert. Ebenso geschieht es mit dem Inhalt der den Sack und die Basidie tragenden Fadenzelle. Ist auch diese vollständig entleert, so wird sie von der nun ausgewachsenen Basidie durch eine Scheidewand abgetrennt (Fig. 3a, b) und dann erst geht die Viertheilung in der Basidie vor sich. Pfriemförmige Sterigmen spressen, und zwar gewöhnlich ungefähr aus der Mitte jeder Basidientheilzelle, und bringen an ihrer Spitze eine typische Auricularia-Spore von eiförmiger Gestalt hervor (Fig. 3b). Sie tragen sie mit dem für Auricularia charakteristischen kurzen, der Spore anliegenden Spitzchen (vergl. hierzu Brefeld, Heft VII, Tafel IV, Fig. 3). Die Ausbildung der Sporen geschieht hier ziemlich regelmässig in der Reihenfolge von oben nach unten. Die langen fadenförmigen Basidien sind niemals ganz gerade, sondern unregelmässig hin und hergebogen. Da sie an der leeren Tragzelle kaum einen Halt haben und einzeln an den Fäden sitzen, so stehen sie nicht immer grade aufrecht, sondern lagern oft in unregelmässigem Gewirre auf dem Pilzrasen. Wie wir es bei Stypinella kennen lernten, so bildet sich auch hier unter der entleerten, die Basidie tragenden Fadenzelle ein aufstrebender Seitenzweig, der die erst gebildete Basidie dann übergipfelt und so fort (vergl. Fig. 3a). Die Reifung und Abschleuderung der Sporen geht sehr schnell vor sich. Die entleerte Basidie sinkt zusammen und ist schwer sichtbar (Fig. 3a links). Ansitzende Sporen haben 13 μ Länge und 7—8 μ Breite. Nach der Abschleuderung beginnt fast unmittelbar die Keimung mit einer Anschwellung. So findet man unter den zahlreichen in dem Fadengewirr verstreut liegenden losen Sporen viele, die bis zu 26 μ Länge und 10 μ Breite haben. Auch weitere Keimungserscheinungen lassen sich an diesen auf der natürlichen Unterlage umher liegenden Sporen beobachten. Häufig findet sich Sekundärsporenbildung (Fig. 3c); oder aber die Spore theilt sich durch meist eine, bisweilen zwei, noch seltener drei Querwände in mehrere Zellen. Alsdann kann jede der Theilzellen eine Sekundärspore erzeugen (Fig. 3c links). Andere Sporen wiederum erzeugen anstatt der Sekundärsporen sehr kleine (2,5 μ Durchmesser) runde Conidien. Diese Conidien sitzen auf winzigen Ausstülpungen der Spore. Solche Ausstülpung kann zu gleicher Zeit zwei Conidien tragen und sie kann hintereinander mehrere Conidien bilden, die dann die mit Scheidewänden versehene oder auch ungetheilte Spore umgeben. Endlich kann auch Sekundärsporen- und Conidienbildung zugleich an derselben Spore auftreten.

Soviel beobachtet man schon an den auf dem Pilzrasen herumliegenden Sporen. Ein kleiner Rasen des Pilzes wirft in der feuchten Kammer im Verlaufe einer Stunde grosse Mengen reifer Sporen ab, die in Nährlösung aufgefangen alsbald zu keimen beginnen. Hier unterbleibt die Sekundärsporenbildung; als Regel theilt sich die Spore durch eine Scheidewand (obwohl auch mehrere vorkommen) und treibt dann Keimschläuche. Ich sah bis zu vier aus einer Spore austreten (Fig. 3e). Die früher an der Spore selbst auftretende Conidienbildung rückt nun an die Enden der Keimschläuche. Diese spitzen sich nicht etwa zu, sondern die

Conidien bilden sich an ihrem abgerundeten Ende. Es können zwei neben einander ansitzen. Dasselbe Fadenende kann nach und nach eine grosse Anzahl Conidien hervorbringen. Seltener als an den Enden der Fäden kommen Conidien auch seitwärts vor. Sie sitzen dann aber immer am oberen Ende einer Theilzelle, dicht unter der Scheidewand. Nicht zu verwechseln sind diese Conidien mit den runden, stark lichtbrechenden Inhaltsbestandtheilen, welche in jeder reifen Spore und auch in den Keimschläuchen angetroffen werden.

Diese winzigen Conidien, welche in derselben Nährlösung, in der sie gebildet wurden, niemals eine Spur von Anschwellung oder Keimung erkennen liessen, müssen von einem Hofe einer unsichtbaren schwach klebrigen Substanz umgeben sein, welche sie längere Zeit zusammenhält. Gekeimte Sporen, wie die in Fig. 34 dargestellte, mit den die Enden der Keimschläuche umgebenden Conidien sah ich mehrfach in dem Flüssigkeitstropfen der Kultur frei umherschwimmen, ohne dass dabei die gegenseitige Lage der Conidien sich im geringsten änderte.

Innerhalb der ersten acht Tage der Kultur ging das Fadenwachsthum nur sehr langsam voran. Die kleinen Conidien aber wurden in ungeheuerer Anzahl gebildet, so dass der ganze Kulturtropfen von ihnen erfüllt ward. Eine einzige Spore kann in Nährlösung jedenfalls viele hundert solcher Conidien erzeugen. Vom 10. Tage an aber fing die Bildung der Conidien an nachzulassen und die Fäden der jungen Mycelien wuchsen dafür schneller und verzweigten sich reich. Ich hielt die Kulturen vom 4. September bis zum 20. Oktober unter Aufsicht und erzielte auf dem Objektträger Hyphengeflechte, welche den in der Natur vorgefundenen an Dicke und Ueppigkeit gleichkamen. Vereinzelt wurden immer, auch später noch, Conidien von den Fäden gebildet. Basidien dagegen traten in der künstlichen Kultur nicht auf.

Der eben beschriebenen Form steht, besonders durch die Bildung des merkwürdigen Sackes, nahe eine andere Art, welche ich

Saccoblastia sphaerospora nov. spec. genannt habe. Diese Form habe ich nur ein einziges Mal im Jahre 1891 gefunden. Sie besteht aus ganz winzig kleinen, für das blosse Auge nur eben sichtbaren Mycelflöckchen, welche im besonderen Falle der Rinde eines am Boden modernden Stammes ansassen. Nur bei sehr feuchtem Wetter wird man Aussicht haben, sie überhaupt zu bemerken. Die Hyphen, welche hier das sterile untere Geflecht bilden, sind dickwandiger, als bei der vorigen Form, sie erinnern sehr an die für Stypinella orthobasidion beschriebenen, und tragen auch, wie jene, an jeder Scheidewand eine grosse deutliche Schnallenzelle. Der Bildung der Basidien geht die Bildung eines kugligen Sackes voraus, welcher sich bezüglich seines Inhalts und seines Verhältnisses zu der heranreifenden Basidie genau so verhält, wie bei S. ovispora. Nur ist er nicht mit solcher Regelmässigkeit wie dort dem unteren Ende der die Basidie tragenden Fadenzelle angefügt (Taf. IV Fig. 2). Sein Durchmesser beträgt nur 11 μ höchstens, und dementsprechend ist auch die Länge der Basidie geringer, als im vorigen Falle, nämlich nur 45—60 μ. Die kurzen fadenförmigen Sterigmen treten häufig, aber durchaus nicht immer, dicht unter der nächst oberen Scheidewand aus der Theilzelle. Sie sind alle gleich lang und bringen eine kuglige Spore von 6—8 μ Durchmesser hervor, in die sich das Protoplasma der Basidie entleert. Die Reihenfolge der Sporenbildung ist unbestimmt; am häufigsten sah ich im Gegensatz zu anderen Auriculariaceen die untere Spore zuerst sich bilden.

Die abgeschleuderten und in Nährlösung aufgefangenen Sporen haben ein kurzes Spitzchen, die Ansatzstelle des Sterigma. Sie keimen an dem auf die Aussaat folgenden Tage an beliebiger Stelle, auch direkt aus dem Spitzchen. Die Keimungen waren spärlich. Die Keimschläuche blieben kurz, und wurden nicht sehr viel länger als die gezeichneten (Fig. 2). Der Inhalt der Spore wanderte bisweilen in die Spitze des Keimschlauchs. Weitere Entwickelung konnte ich nicht erzielen, da ich bei dem spärlichen

Material nur wenige Kulturen hatte, die durch einen ungünstigen Zufall zerstört wurden. In den nächsten zwei Jahren fand ich den Pilz nicht wieder.

Brefelds Untersuchungen verdanken wir die Erkenntniss, dass in den Uredinaceen eine Familie der Protobasidiomyceten zweifellos vorliegt. Die Uredinaceen haben freie Auriculariabasidien, die immer aus den Teleutosporen hervorkeimen.

Wer die Bilder jener Basidien, wie sie Tulasne in den Annales des sciences nat. im Jahre 1854 gezeichnet hat, mit den hier beschriebenen freien Auriculariabasidien vergleicht, dem wird keine Möglichkeit des Zweifels an der nahen verwandtschaftlichen Beziehung der beiden Familien übrig bleiben. Die Teleutospore sammelt den Baustoff auf, um die Basidie zu erzeugen. Sie muss meist den Winter überdauern und hüllt sich desshalb in eine schützende dicke Membran. Ihre Funktion erfüllt bei der Saccoblastia der Sack, er sammelt den Inhalt für die Basidie. Da die Nothwendigkeit einer Pause in der Entwickelung nicht vorliegt, so kommt es auch nicht zur Bildung einer stärkeren Membran.

Auch unter den Uredinaceen giebt es ja Formen, bei denen die Teleutospore ohne längere Ruhepause unmittelbar zur Basidie auskeimt. Durch diese Formen wird die nahe Verwandtschaft unserer Saccoblastia-Arten mit den Uredinaceen besonders deutlich. Dass bei den letzteren die Teleutospore mehrzellig wird und jede ihrer Theilzellen eine Basidie erzeugt, bleibt schliesslich fast als einziger Unterschied gegen den einzelligen Sack der Saccoblastia übrig. Und nicht minder wird die Blutsverwandtschaft der beiden, in Folge verschiedener Lebensweise so weit aus einander gegangenen, Familien bekräftigt durch das Vorhandensein jener winzigen, in ungeheuerer Menge gebildeten, nicht keimfähigen Conidien bei Saccoblastia ovispora. Conidien genau wie diese sind die „Spermatien“ der Uredinaceen. Auch diese „Spermatien“ sind durch schleimige Gallerthüllen mit einander verklebt, wie wir sie bei unseren Auriculariaceen schon angetroffen haben. Im Wesen dieser Bildungen besteht zwischen beiden Fällen kein Unterschied. Nur werden die Conidien (Spermatien) der Uredinaceen in besonderen fruchtkörperartigen Behältern gebildet, wie denn überhaupt die Steigerung der Formen durch Fruchtkörperbildung bei den Uredinaceen vorzugsweise mit Rücksicht auf die Nebenfruchtformen sich vollzogen hat. Jene oben citirten (Seite 15), man kann wohl sagen vorahnend von Tulasne geäusserten Worte über die Beziehungen zwischen Auriculariaceen und Uredinaceen finden die glänzendste Bestätigung ihrer inneren Wahrheit durch die Saccoblastia-Arten.

2. Platygloeen.

a. Jola nov. gen.

Das leitende Princip, welches bei Ascomyceten und Basidiomyceten von den niederen zu den höheren Formen führt, ist die Fruchtkörperausbildung. Nachdem aus dem unbestimmten Sporangium der Ascus, aus dem unbestimmten Conidienträger die Basidie geworden ist, bleibt die Grundgestalt dieser beiden Fruchtformen unverändert, ist keiner weiteren Steigerung fähig.

Die grosse Klasse der Ascomyceten theilt man in Exoasci und Carpoasci. Die ersteren tragen ihre Schläuche frei, nicht zu Fruchtkörpern vereint, so wie unsere Stypinelleen ihre Basidien tragen. Mit dem Augenblicke, wo die einzelnen Asci zu fruchtkörperartigen Bildungen zusammentreten, beginnen die Carpoasci. In genau entsprechender Weise vollzieht sich die Formsteigerung unter den Protobasidiomyceten, nicht anders auch unter den Autobasidiomyceten. Indem die vereinzelt stehenden Basidien sich zu Lagern zusammenschliessen, diese Lager durch einen Stiel in die Höhe heben, oder sie durch Ausbuchtungen, Falten, Blätter, Röhren, Stacheln an Oberflächenraum bereichern, um immer mehr und mehr Basidiensporen ins Freie zur Verbreitung zu bringen, sehen wir die Formen ansteigen zu immer reicherem Bau, immer höherer Vollendung. Neben einander in den verschiedenen Reihen der Basidiomyceten sehen wir dasselbe Princip mit oftmals gleichem Erfolge wirksam. Ist doch das Baumaterial überall das gleiche, einfache Hyphen. So sehen wir zu gleichen oder ähnlichen Fruchtkörpergestalten die Protobasidiomyceten ansteigen, wie die Autobasidiomyceten, wir werden auch unter den ersteren im weiteren Verlaufe der Betrachtung Hydneen und Polyporeenformen wiedererkennen.

Die ersten Anfänge der Fruchtkörperbildung sind immer dadurch gekennzeichnet,*) dass die vorher frei und einzeln an den Fäden auftretenden Asceu oder Basidien sich dicht zusammenordnen und in gleicher Höhe dem Hyphengeflecht entspringend ein Lager bilden. Diesen Weg verfolgen auch die Auricularieen. Wenn die langen fadenförmigen Basidien dieser Pilze enge zusammentreten, so können die von den untersten Theilzellen gebildeten Sporen die freie Oberfläche des Lagers nicht anders erreichen als dadurch, dass ihre Sterigmen sich verlängern und die Spore zwischen den benachbarten Basidienfäden in die Höhe tragen, an den äusseren Rand des Lagers. Bei den Stypinelleen sind alle vier Sterigmen von gleicher, aber sehr geringer Länge. Bei allen zur Fruchtkörperbildung fortschreitenden Auriculariaceen aber treffen wir ungleich lange Sterigmen an, und die längsten sind die von der untersten Basidientheilzelle ausgehenden. Diese längeren Sterigmen werden um so nothwendiger, als bei den meisten Formen mit dem Beginn der Fruchtkörperbildung eine Gallertausscheidung der Fäden Hand in Hand geht, welche das früher filzige Hyphengeflecht zu einem geschlossenen gallertigen Polster macht, und die von den unteren Basidienzellen gebildeten Sporen vollständig einschliessen würde, wenn sie nicht durch lange Sterigmen über die Gallerte hinaus-

*) Man vergleiche z. B. die Brefeld'schen Kulturergebnisse bei Polyporus vaporarius Bd. VIII, S. 108.

gehoben würden. Am Anfange der Reihe, welche von freien Basidien zu einem glatten Basidienlager überzugehen sich anschickt, steht unter den Auriculariaceen eine Form, die ich **Jola Hookeriarum nov. spec.** genannt habe.

Wenn der brasilische Urwald im allgemeinen nicht arm ist an Vertretern aus dem Reiche der Moose, so fällt doch dem Europäer gar bald auf, dass die schönen, das Auge erfreuenden Moosrasen, wie wir sie in unsern Wäldern vorzugsweise von den Hypneen an den Baumstämmen und auf dem Boden oftmals gebildet sehen, in dieser Ausdehnung kaum jemals im Tropenwald anzutreffen sind. Um so eher haftet das Auge daher an Stellen, wo wenigstens in kleinem Maasstabe ein freudig grüner Moosrasen einen Urwaldstamm verschönt. So betrachtete ich an einem feuchten Tage, an einem Bachufer hinaufkletternd, einen umgefallenen Stamm, auf dessen dunkler Rinde ein Moos durch leuchtendes helles Grün auffiel. Seine Stengel lagen der Unterlage flach an und waren lebermoosartig zusammengedrückt, und zahlreiche schlank gestielte Kapseln erhoben sich von ihnen. Da fiel mir auf, dass hier und da die Kapseln von einer feinen, weissen, schwach glänzenden Hülle umgeben waren, und an andern Stellen sah ich auch an den Fruchtstielen eine bald mehr, bald weniger ausgebreitete dünne, weisse Kruste (Taf. IV Fig. 4a). Die Untersuchung ergab, dass diese weissen Fleckchen von einer parasitischen Auriculariacee gebildet wurden. Als ich später bei trocknerem Wetter nach dem Pilze suchte, so fand ich ihn nur mit grosser Mühe wieder. Er bildet bei trockenem Wetter an den befallenen Stellen der Moose nur einen winzigen, für das blosse Auge kaum wahrnehmbaren Flaum. Danach hat er den Namen Jola erhalten (*ἴουλος* Flaum, wovon Fries schon Ditiola bildete). Der Pilz ist ein echter Parasit, er befällt junge Kapseln und junge Fruchtstengel der Moose und durchwuchert sie mit seinen Fäden ganz und gar, so dass in den befallenen Kapseln eine Moos-Sporenbildung nicht zu Stande kommt. Ich fand ihn nur auf zwei Moosen, welche Herr Dr. Carl

Müller in Halle zu bestimmen die Freundlichkeit hatte. Es sind Hookeria albata C. Müll. und Hookeria jungermanniopsis C. Müll. Nachdem ich den Pilz näher kennen gelernt, und in künstlichen Nährlösungen kultivirt hatte, gelang es mir später, junge Fruchtanlagen der Hookerien damit zu inficiren, an älteren, der Reife näher stehenden Mooskapseln blieben die Infektionen erfolglos.

Das Mycel des Pilzes durchwuchert, wie schon gesagt, die Haube der Mooskapsel, bildet zwischen Haube und Kapsel ein dichtes Fadengewirr, und dringt dann in das Innere ein, wo es sich reich verzweigt. Die Hyphen sind 4 μ stark, ziemlich gleichmässig, reich septirt, doch ohne Schnallen. Sie bilden nun aussen um die befallene Kapsel oder um den befallenen Stiel herum ein wirres Lager von geringer Dicke, und aus diesem Lager erheben sich die Basidien bildenden Fäden dichtgedrängt in radialer Richtung. Diese Fäden sind reich septirt, und ihre Theilzellen zeigen nicht mehr die gleichmässige Dicke der früheren Fäden. Sie sind vielmehr in unregelmässiger Weise angeschwollen, oft auch verbogen, in ähnlicher Weise, wie es bei vielen Pilzen vorkommt, wenn Fäden sich zur Pseudoparenchymbildung anschicken (Fig. 4 b). Zu einer Pseudoparenchymbildung kommt es indessen hier nicht. Die Berührung der benachbarten Fäden wird niemals eine unmittelbare. Besieht man den Pilz in feuchtem Zustande, so erscheint das kleine weisse Polster fast glänzend, und man möchte eine die Fäden einbettende sehr dünne Gallerte voraussetzen. Mit dem Mikroskop hat sich eine solche allerdings nicht nachweisen lassen.

Die jedesmal letzte Zelle eines Fadens schwillt stärker noch an, als die übrigen, und aus ihr sprosst dann, so wie der Keimschlauch aus einer keimenden Spore, die lange fadenförmige Basidie (Fig. 4 b). In diese, welche beträchtliche Länge (bis zu 90 μ) erreicht, entleert sich allmählich der ganze Protoplasmainhalt aus der letzten angeschwollenen Fadenzelle, nachdem vorher schon die weiter zurückliegenden Zellen ihr Protoplasma nach dem

Ende des Fadens hin abgegeben haben. Erst wenn der gesammte Inhalt des tragenden Fadens aufgenommen ist, grenzt sich die Basidie durch eine Scheidewand von ihrer Ursprungstelle ab, und unmittelbar darauf erfolgt ihre Quertheilung durch drei Scheidewände, von denen die mittlere zuerst angelegt wird. Aus jeder Theilzelle sprosst nun ein Sterigma in Gestalt eines verhältnissmässig dicken Fadens. Dies Sterigma kann noch an beliebigen Stellen der Theilzellen austreten, wie die Figuren erkennen lassen. Sehr häufig wächst die oberste Theilzelle unmittelbar zum Sterigma aus (Fig. 4 c), doch kann auch aus ihr das Sterigma seitlich hervorbrechen (Fig. 4 d). Die Länge der Sterigmen ist unbestimmt. Sie wachsen im Allgemeinen so lange, bis sie ihre Spitze über das Gesammtpolster des Pilzes erhoben haben, dann spitzen sie sich zu und erzeugen eine sichelförmig gebogene Spore (Fig. 4 c und e). Der Entwickelungszustand aller Basidien ist im allgemeinen in je einem Lager des Pilzes annähernd derselbe. Betrachtet man einen befallenen Moosstengel, an dem die Basidien des Pilzes reif sind, ohne Zusatz von Flüssigkeit mit dem Mikroskop, so sieht man aus dem dann undurchsichtigen Lager des Pilzes überall die sichelförmigen Sporen herausragen (Fig. 4 e). Ein solcher Stengel, sorgsam über einem mit Wasser oder verdünnter Nährlösung beschickten Objektträger aufgehängt, wirft im Verlaufe weniger Stunden zahlreiche Sporen ab. Die aufgefangenen sind 28—36 μ lang, ca. 6 μ breit, sie sind an der Innenseite der Sichel meist etwas geschweift; das eine Ende ist lang zugespitzt, es ist dasjenige, mit dem sie am Sterigma ansassen, das andere dagegen etwas stumpfer gerundet (Fig. 4 f). Nachdem sie eine Nacht über in Wasser oder Nährlösung gelegen haben, schwellen sie wenig an, so dass die Schweifung eben nur etwas undeutlicher wird, und dann erfolgt die Keimung. Diese beginnt an einem oder an beiden Enden gleichzeitig. Ein Keimschlauch tritt aus, in den sich allmählich der Inhalt der Spore entleert, die entleerten Räume werden nach hinten zu durch Wände abgegrenzt. Wo der Keimschlauch sich in die Luft erhebt, kommt es zur Bildung von Sekundär-Sporen (Fig. 4 g). Bisweilen scheint es, als ob eine Conidienbildung zu Stande kommen sollte. Wenn nämlich die Keimung am spitzen Ende der Spore anhebt, so verdickt sich der Keimschlauch zunächst beträchtlich, und es scheint eine Conidie der Spore aufzusitzen. Diese scheinbare Conidie aber löst sich nicht ab, und ich sah sie in allen beobachteten Fällen nachträglich zum einfachen Keimschlauch auswachsen, wobei es mir schien, als wenn an dem dünnen Ende der Spore nachträglich eine etwas ausgleichende Verdickung eingetreten wäre (Fig. 4 g). Ueber die geschilderten Ergebnisse war in der Kultur nicht hinauszukommen. Sie stimmen ziemlich genau mit den von Brefeld für Tachaphantium tiliae mitgetheilten überein. Ueberhaupt ist einleuchtend, dass unser Moospilz mit Tachaphantium Brefeld = Platygloea Schröter die nächste Verwandtschaft besitzt. Ich halte es trotzdem für geboten, ihn zum Vertreter einer neuen Gattung zu machen, weil er erstens in der Fruchtkörperbildung noch nicht soweit vorgeschritten ist, wie Platygloea, und weil er zweitens in den sporenartig angeschwollenen Fadenzellen, aus denen die Basidien hervorgehen, ein eigenartiges Merkmal besitzt, welchem eine besondere Bedeutung zukommt. Auch die parasitische Lebensweise unterscheidet ihn nicht unwesentlich von Platygloea. Während letztere ferner ein echtes wachsartiges Hymenium hat, in dem die Basidien eine geschlossene, durch Gallertbildung geeinte Schicht bilden, so ist von einer solchen bei Jola noch nicht in demselben Maasse die Rede. Die Basidien entspringen noch in etwas ungleicher Höhe und eine deutlich sichtbare Gallerte ist nicht vorhanden. Ferner ist auch von einer bestimmten Begrenzung des Lagers keine Rede. Dasselbe kann als Knöpfchen auf der Haube des Mooses sitzen, oder diese ganz einhüllen oder am Stengel in unregelmässiger Erstreckung entlang gehen. Bei Betrachtung der angeschwollenen Endzelle des Fadens, der die Basidie trägt, erinnern wir uns, dass schon bei Stypinella orthobasidion die Andeutung einer solchen in ihrer Form bestimmten Zelle uns auffiel. Bei den Saccoblastia-Arten fanden wir dieselbe Zelle wieder und an ihr als eine bauchige, durch keine Wand abgetrennte Erweiterung den charakteristischen Sack. Alle diese Bildungen erfüllen dieselbe Aufgabe, den Baustoff für die Basidie anzusammeln; alle diese Bildungen entsprechen morphologisch der Teleutospore der Uredinaceen. Man betrachte unsere Fig. 4b und denke sich nur die Membran der basidientragenden Zelle verdickt, so leuchtet die unmittelbare Uebereinstimmung*), z. B. mit der von Tulasne abgebildeten Keimung der Teleutospore von Uromyces fabae oder Endophyllum Euphorbiae silvaticae ohne weiteres ein.

Im weiteren Verlaufe unserer Betrachtung wird sich noch mehrfach Gelegenheit finden auf die Parallelität hinzuweisen, welche bei Auto- und Protobasidiomyceten sich in der Art geltend macht, wie die Formen von niederen fruchtkörperlosen ansteigen zu Fruchtkörper bildenden der verschiedensten Gestalt. In den Stypinelleen lernten wir eine Gruppe kennen, welcher unter den Autobasidiomyceten die Tomentelleen entsprechen. Bei beiden stehen die Basidien frei an den Fäden. Hier in Jola haben wir vor uns eine Form, welche auf gleicher Höhe der Fruchtkörperentwickelung angelangt ist, wie die niedersten Thelephoreen mit nicht begrenztem Fruchtlager (z. B. Thelephora crustacea). Genau entsprechende Gruppen werden wir bei den Tremellaceen, in den Stypelleen und Exidiopsideen wiedererkennen.

Die nächste Gattung, Platygloea geht, wie ich oben erwähnte, schon einen kleinen Schritt weiter. Unter den beschriebenen Platygloeaformen möchte P. effusa Schröter dem Pilze der Moose am nächsten kommen wegen des nicht begrenzten Lagers.

Es ist wohl zu bemerken, dass bei unserer Jola im Anklange an viele niedere Formen die Sterigmen noch an beliebiger Stelle,

---

*) Sie wird auch bei Stypinella deutlich, wenn wir darauf achten, wie die Basidien tragende Zelle durch eine verstärkte Membran sich von der zarten dünnwandigen Basidie selbst unterscheidet (Taf. IV Fig. 1).

meist aus der Mitte der Theilzellen entspringen, während sie weiterhin regelmässig unter die nächst obere Scheidewand, so weit wie möglich nach oben rücken. Wie sich in dieser Beziehung die von Schröter beschriebenen Platygloea-Arten verhalten, ist nicht ersichtlich, und es ist sehr zu bedauern, dass wir von ihnen keine Abbildungen haben. Denn bei der geringen Anzahl der überhaupt bekannten Auriculariaceen ist eine bildliche Darstellung wenigstens der Basidien jeder einzelnen fast unentbehrlich für die richtige Beurtheilung.

b. Platygloea Schröter.

Eine weichwachsartige Beschaffenheit des Fruchtkörpers, wie sie den Platygloea-Arten zukommt, zeichnet auch die **Platygloea blastomyces nov. spec.** aus, welche ich an vermodernden Rindenstücken im September 1892 zuerst fand. Die kleinen, unregelmässig umgrenzten, schwach gewölbten Polsterchen sind in Fig. 5a in natürlicher Grösse dargestellt. Sie bestehen aus dicht verflochtenen, 2—3 μ dicken Fäden. Sie sind etwa 5 mm dick an den üppigsten Stellen, und haben eine grauweisse, schwach gelblich angehauchte Farbe, welche, wie ein Schnitt zeigt, im Innern des Polsters nach unten zu ein wenig dunkler wird. Dort sind auch die Hyphen besonders dicht verflochten. Die Oberfläche wird bedeckt von dem Hymenium, welches aus den sehr langen (bis 200 μ), fadenförmigen, pallisadenartig dicht zusammengeordneten Basidien gebildet ist (Fig. 5b). Zwischen den 4 μ starken Basidien sieht man in grosser Anzahl dünnere, paraphysenartige Fäden. Das Hymenium zeigt wachsartige Consistenz. Es ist, wie stets bei den eigentlichen Auriculariaceen, recht schwer zu untersuchen, da die Basidien sehr dünnwandig sind, und es gelingt nur mit vieler Mühe, eine Basidie frei zu präpariren. Alsdann sieht man aber deutlich, dass man es mit typischen Auriculariabasidien zu thun hat (Fig. 5b). Die lang fadenförmigen Sterigmen entspringen stets dicht unter der oberen Scheidewand und wachsen so lange, bis sie die Oberfläche des Lagers erreichen. Dort erzeugen sie in der bekannten Weise eine längliche Spore von 12 μ Länge und 6 μ Breite (Fig. 5c).

Schon an den auf dem natürlichen Hymenium umher liegenden Sporen bemerkt man oftmals Sekundärsporenbildung, niemals aber eine Scheidewand im Innern. Die Sporen sind leicht in Wasser oder Nährlösung aufzufangen. Besonders im Wasser und in dünnen Nährlösungen sieht man häufig einen Keimschlauch austreten, der seine Spitze über die Flüssigkeit erhebt und dort eine Sekundärspore hervorbringt. In Nährlösung schwellen die Sporen sehr unbedeutend an und keimen dann entweder mit einem oder mehreren Keimschläuchen oder unmittelbar mit Hefeconidien (Fig. 5d). Durch das Vorkommen echter Hefesprossung ist die vorliegende Form ganz besonders bemerkenswerth. Denn Hefeconidien sind bisher noch bei keiner Auriculariacee beobachtet worden. Die mit Hefen keimende Spore bildet zunächst eine sehr kleine polsterförmige Aussackung (Fig. 5d), ganz ähnlich, wie sie bei Dacryomyceten als Ursprungsstelle der Conidien fast regelmässig vorkommt, und aus diesem Polster sprosst die erste Conidie von länglicher Form. Diese löst sich alsbald los und schwillt nachträglich noch etwas an, sie erreicht im äussersten Falle 8 μ Länge und 4 μ Breite in der Mitte und lässt alsbald wieder eine Conidie an einem Ende aussprossen. Auch diese löst sich sofort nach ihrer Bildung ab. Sprosskolonien kommen nicht zu Stande. Die Vermehrung der Hefen geht in der üblichen Weise so schnell vor sich, dass schon nach drei Tagen der Kulturtropfen dicht von Hefemassen erfüllt ist. Jedes kleine Polster an der Spore kann nach einander eine grosse Reihe von Sprossconidien hervorbringen und schliesslich erschöpft hierbei die Spore ihren Inhalt. In der Regel hatte jede Spore nur ein solches Polster. Ausnahmsweise kommen aber auch mehrere vor. Auch kann gleichzeitig Fadenauskeimung und Conidienbildung vorkommen (vergl. die Figuren). Endlich kommen auch Sporen vor, die zunächst nur mit Fäden keimen und dann an den Enden der Keimschläuche und auch seitwärts derselben Conidien treiben.

Sehr bald findet man auch gekeimte Hefeconidien, welche an einem oder beiden Enden Keimschläuche besitzen (Fig. 5e). Auch an diesen können wiederum Hefen aussprossen. Meine Kulturen erhielt ich einen ganzen Monat durch, und die Hefesprossung blieb während dieser ganzen Zeit im Gange und überwog die Mycelbildung. Es kommen nur kleine, wenig verzweigte Mycelien auf dem Objektträger zu Stande.

Es ist von grossem Interesse, an dieser Form zu sehen, dass die Hefeconidien, welche nun in den allerverschiedensten Familien der Ascomyceten und Basidiomyceten, und darüber hinaus schon bei den Hemiasci und Hemibasidii nachgewiesen sind, und welche unter den Tremellaceen in ganz besonders üppiger, fast allgemeiner Verbreitung auftreten, auch der Auriculariaceenfamilie nicht fehlen.

Wir können die Gruppe der Platygloeen nicht verlassen, ohne eine Reihe neu aufgestellter Gattungen kritisch zu würdigen, welche entweder mit einer gewissen Wahrscheinlichkeit in die Verwandtschaft der Platygloeen gehören, oder aber irrthümlicher Weise im Zusammenhange mit den Auriculariaceen von ihren Autoren aufgeführt worden sind.

Am meisten interessiert uns hier eine Bemerkung, welche sich in Ludwigs Lehrbuch der niederen Kryptogamen auf Seite 474 findet mit folgenden Worten: „Neuerdings hat nun v. Lagerheim „eine saprophytische Auriculariaceengattung, Campylobasidium, ent-„deckt, welche, wie die Rostpilze, eine Art Teleutosporen, also „Chlamydosporen hat, aus denen bei der Reife die quergetheilten „Basidien entstehen.“ Etwas weiteres über diesen jedenfalls höchst bemerkenswerthen Fund v. Lagerheims ist mir in der Literatur nicht zugänglich geworden. Wir können aber schon der kurzen Notiz entnehmen, dass es sich hier um eine Form handelt, welche den Uebergang von unserer Saccoblastia zu den Uredinaceen, den wir oben näher berücksichtigt haben, aufs einleuchtendste herstellt, und es ist eine nähere Beschreibung und Untersuchung dieses Campylobasidium jedenfalls aufs lebhafteste zu wünschen.

In zweiter Linie haben wir die von Patouillard (Champignons de l'Équateur, pugill. II. Bull. Soc. myc. de France, Seite 11) begründete Helicogloea zu betrachten. Die leider sehr flüchtigen und bezüglich der Scheidewände in den Basidien ganz sicher unrichtigen Zeichnungen lassen keinen Zweifel darüber, dass es sich um einen Pilz handelt, der entweder zu Stypinella oder zu Platygloea gehört. Ein Grund, ihn mit besonderem Gattungsnamen zu belegen, besteht nicht. In der Gattungsdiagnose sagt Patouillard: „Sporae ovoideae, hyalinae, sub germinatione filamentum brevissimum emittentes, in conidium minimum sporisque simillimum apice productum", und nachdem er dann in der Artbeschreibung die Länge dieses sogenannten Promycelium und die Grösse der sogenannten Sporidien angegeben hat, so fügt er hinzu: „le mode de production des conidies le (sc. Helicogloea) sépare nettement de ces deux genres (sc. Helicobasidium — Stypinella und Platygloea)". Diese Angaben beweisen ein gänzliches Missverständniss des Beobachteten, und müssen nothwendig näher beleuchtet werden, um die zu Unrecht gegründete Gattung Helicogloea verschwinden zu machen.

Was Patouillard hier und an anderen Stellen, z. B. bei manchen seiner Platygloea-Arten als Promycelium mit einer Sporidie bezeichnet und a. a. Orte auf Tafel XI Fig. 1c allerdings sehr oberflächlich abbildet, ist nichts als die allbekannte Sekundärsporenbildung, die sich, wie wir aus Tulasnes und Brefelds Untersuchungen wissen, bei Pilzen aus den allerverschiedensten Verwandtschaftskreisen, insbesondere aber bei den allermeisten Protobasidiomyceten findet. Die Sekundärsporenbildung tritt im allgemeinen ein, wenn eine Spore nicht in den für ihre normale Keimung günstigen Umständen der Lage oder der Ernährungsmöglichkeit sich befindet. So sehen wir bei Aussaatversuchen häufig, dass eine zu tief unter der Flüssigkeitsschichte liegende Spore einen Faden treibt, in den ihr Protoplasma alsbald hineinwandert, wie es z. B. eben noch für Platygloea blastomyces beschrieben und dargestellt worden ist. Dieser Faden wird so lang als nöthig ist, um mit der Spitze die Luft zu erreichen, dann bildet sich am Ende des Fadens die Sekundärspore, welche in der Form und in der Art des Ansitzens ganz genau die Primärspore wiederholt. Sie ist nur kleiner als diese, und zwar in um so erheblicherem Grade, je länger der Faden war, der sie in die günstigere Lage brachte. Es scheint so, als ob bei der Sekundärsporenbildung eine Zunahme, eine Ernährung von aussen nicht stattfände. Die in der Spore angehäuften Baustoffe müssen den Keimschlauch und die neue Spore herstellen, die letztere fällt deshalb kleiner aus. Unzählige Beispiele, vor allem bei Tulasne und Brefeld, belehren uns über diesen Sachverhalt. Wer aber dort nicht nachschlagen will, findet auch Beispiele der Art in unseren Figuren 1, 3, 4, 5, 12 abgebildet. Die Sekundärspore hat mit den dem betreffenden Pilze zugehörigen Conidienformen ebenso wenig Aehnlichkeit, wie die Primärspore; es kann nur Verwirrung stiften, wenn man sie als Conidie bezeichnet. Sekundärsporenbildung findet häufig schon auf dem Hymenium des betreffenden Pilzes statt. Es scheint, dass es sich bei den von Patouillard aufgeführten Fällen immer nur um solche Beobachtungen handelt, an Sporen, die auf dem Hymenium des Pilzes in Sekundärsporenbildung angetroffen wurden. Wenn daher diese Beobachtungen mit den mehrmals wiederkehrenden Worten mitgetheilt werden: „germinatione promycelium emittentes in conidium unicum apice productum", und wenn mit Bezug hierauf bei Beschreibungen von Platygloea-Arten der Zusatz sich findet „germinatio generis", so ist nicht anzunehmen, dass hier vielleicht Keimversuche vorliegen.

Wir wissen ja — ich erinnere nur als Beispiel an die beschriebenen Formen Stypinella orthobasidion oder Jola Hookeriarum —, dass man oftmals die Sekundärsporenbildung leicht beobachtet, die wirkliche Keimung aber noch nicht gesehen hat. Wo Patouillard bei Platygloea-Beschreibungen (Champ. de l'Équateur III S. 14—15) sagt: „Germinatio generis", ist die Keimung der betreffenden Formen thatsächlich unbekannt.

Aus den oben zusammenfassend aufgeführten Thatsachen folgt ferner, dass es gar keine Bedeutung hat, die Länge des die Sekundärspore erzeugenden Fadens und die Grösse der Sekundärspore zu messen; denn diese Maasse sind für jeden Fall, je nach der Lage der Primärspore verschiedene. Die Charaktere, mit welchen Patouillard seine Helicogloea ausstattet, sind also solche, wie sie den allermeisten Protobasidiomyceten zukommen, und deshalb ganz ungeeignet, eine neue Gattung zu begründen. Helicogloea ist demnach zu streichen.

Dass solche Irrthümer die Mykologie noch im Jahre 1892 beschweren, ist um so unbegreiflicher, als schon Tulasne die Sekundärsporenbildung vielfältig und zugleich sorgfältiger als Patouillard abgebildet, den richtigen Namen dafür eingeführt und darauf aufmerksam gemacht hat, dass die Sekundärspore der primären vollkommen gleicht und immer etwas kleiner ist. Er sagt (Ann. d. sc. nat. III. série 19, 1853, also vor fast 40 Jahren): je n'ai pu encore constater d'une manière sûre quel était le sort de ces spores secondaires; si elles sont destinées à germer comme un grand nombre d'entre les spores primaires, elles représenteraient la puissance germinative ou reproductive élevée à sa seconde puissance, puisqu'elles sont, en effet, le fruit d'une élaboration spéciale, ajoutée à celle qui a produit les spores primaires."

Da ich die Sekundärsporenbildung in dieser Arbeit bereits erwähnt habe und noch oft erwähnen muss, so erschien es der ganz falschen Beurtheilung Patouillards gegenüber notwendig, den wahren, längst feststehenden Sachverhalt wenigstens an einer Stelle kurz wiederholend darzulegen.

Wir kommen nun zur Gattung Septobasidium, begründet von Patouillard, mitgetheilt im Journal de botanique 16. Februar 1892. Die abgebildeten fraglichen Basidien des Pilzes machen es einigermassen wahrscheinlich, dass eine Form vorliegt, welche in die Nähe von Jola gehört, bei der die Basidien tragende Zelle in bestimmter Weise teleutosporenartig aufgeschwollen ist. Da aber weder Sterigmen noch Sporen an dem untersuchten trockenen Material aufgefunden worden sind, so kann man meines Erachtens gar kein sicheres Urtheil abgeben, und es wäre wohl besser gewesen, den vorläufig gänzlich bedeutungslosen Fund auf sich beruhen zu lassen. So lange keine sporentragende Basidie gesehen ist, kann die Gattung Septobasidium unter die Auricularieen jedenfalls nicht aufgenommen werden.

Wir kommen zur Gattung Delortia Patouillard (s. Bull. de la soc. mycol. de France Bd. 4 S. 7 ff., Champ. de Venezuela). Sie wird als Gattung der Heterobasidiés von dem Autor aufgeführt, obwohl sie weder bei diesen, noch weniger bei den Protobasidiomyceten vorläufig untergebracht werden kann. Ich habe den fraglichen Pilz in Brasilien vielfach zu allen Zeiten des Jahres gesammelt und untersucht, würde ihn aber überhaupt nicht erwähnt haben, weil wir über seine Stellung und Bedeutung im Systeme nichts sagen können. Er bildet hell glasige, schleimige Fruchtkörper an faulenden Palmblättern und Stämmen, welche nur wenige Millimeter Durchmesser erreichen und im äusseren an eine Tremella erinnern. In den Schleim eingebettet finden sich sehr feine, radial ausstrahlende Fäden. Diese Fäden bilden an ihrem Ende eine spindelförmig etwas aufgeschwollene Endzelle, und auf dieser, die Patouillard Basidie nennt, bildet sich das, was er als die Spore bezeichnet. Dies ist ein wurstartig eingekrümmtes Fadenende, wohl viermal so stark im Durchmesser als der Tragfaden, und es theilt sich nach ihm durch Querwände in drei Zellen. Ich habe nun durch Vergleich sehr vieler Stücke festgestellt, dass diese als Spore bezeichnete Bildung allerdings an dürftigen Exemplaren dreizellig ist, dass sie aber an üppigeren Stücken auswächst zu einer zwei-, ja dreifach spiralig eingerollten Bildung, welche in mehr als 12 Theilzellen zerfallen kann. Wir haben es hier also mit einer sehr wandelbaren conidienartigen Bildung zu thun, keineswegs aber mit einer Basidienspore. Selbst wenn man aber mit Patouillard die letzte schwach angeschwollene Zelle des Tragfadens (vergl. die Figuren bei Pat. a. a. O.) als Basidie deuten wollte, so läge doch unmöglich eine Protobasidie vor. Delortia ist also eine Form, über deren systematische Stellung nichts bekannt ist, die zu den Protobasidiomyceten zu stellen gar kein Grund vorliegt, die höchstens bei den Fungi imperfecti und meines Erachtens besser überhaupt nicht aufzuführen wäre.

Endlich ist von Giesenhagen (Flora 1890 S. 130) eine Gattung Urobasidium als Protobasidiomycetengattung beschrieben worden, die aber gar nicht hierher gehört, sondern, soweit die dürftigen Angaben reichen, bei den Tomentelleen ihre natürliche Stellung findet, wie Lindau in seinem Literaturbericht in Englers Bot. Jahrbüchern 18. Bd. 5. Heft 1894 S. 73 sehr richtig hervorgehoben hat.

3. Auricularieen.

Auricularia Bulliard.

Die Gattung Laschia wurde im Jahre 1830 (Linnaea V. S. 533) von E. Fries begründet mit der einzigen Art Laschia delicata. Das Material stammte aus Guinea. Der Pilz, den Fries dann unzweideutig beschrieb, ist nachmalen oft gesammelt und in die Herbarien Europas gebracht worden. Er scheint eine der gemeinsten Arten durch die Tropen und Subtropen der alten und neuen Welt zu sein. So giebt Hennings sein Vorkommen an von den Liukiu-Inseln, Okinowa, den Bonin-Inseln (Warburg), von Pondoland (Bachmann), von Mauritius, Madagascar, Togo (Station Bismarcksburg), und in Brasilien gehört er zu den allergemeinsten Erscheinungen unter den Pilzen. Das Originalexemplar aus dem Herbarium Willdenow (dort als Merulius favosus bezeichnet), welches Fries in Händen gehabt hat, befindet sich noch im Berliner Herbarium, und ich konnte mich davon überzeugen, dass es mit dem so vielfach von mir in Brasilien gesammelten Pilze gleichbedeutend ist.

Die Friessche Beschreibung der Laschia delicata lautete:

Novum genus e familia Tremellinarum. Receptaculum gelatinosum, expansum, pileato-dimidiatum, supra sterile, subtus fructificans, favoso-reticulatum, persistens.

Laschia delicata (Merulius? favosus Willd.) pileo glabro, ad truncos in Guinea. In variis herbariis vidi. Sicca papyro tenuior, rigidula, humectata maxime flaccida, tenacella, minus vero quam Tremellae, quibus in statu exsiccato similis, turget. Pileus suborbicularis, postice prope marginem adnatus, 1—1½ unc. longus, glaber rugulosus, margine integro. Pagina inferior hymenina (licet nullum hymenium adsit) cum contextu tenerrimo pilei contigua, favoso reticulata, dissepimentis tenuibus, membranaceis, inaequalibus, saepe dentato productis et interruptis. Color fuscescens.

Mit dieser, man darf wohl sagen für die damalige Zeit ausgezeichneten Beschreibung halte man die beiden photographischen Abbildungen unserer Tafel I, Fig. 1d und e, welche in halber natürlicher Grösse gegeben sind, zusammen, so wird man eine klare Vorstellung von dem Pilze gewinnen, um den es sich handelt, und der richtig nur als Auricularia auricula Judae zu bezeichnen ist.

Der für alle Zeiten grosse schwedische Systematiker hatte von seinem Standpunkte vollkommen recht, wenn er für diese Form eine neue Gattung schuf. Es war die erste Gattung unter den damaligen „Tremellinen", welche zu einem polyporusartigen Fruchtlager fortgeschritten war. Fries hatte die Basidien weder gesehen, noch konnte ihm bekannt sein, dass der wesentliche Charakter der „Tremellinen" (also der jetzigen Protobasidiomyceten) in der getheilten Basidie lag. Die spätere genauere Untersuchung der Form, wie sie z. B. von Patouillard (Journal de botanique 1881) ausgeführt worden ist, hat aber den richtigen Takt, den Fries bei seiner Bestimmung des Pilzes entwickelt hat, bestätigt.

Patouillard behandelte a. a. O. Laschia tremellosa Fr., welche mit der delicata vollkommen zusammenfällt. In Saccardos Sylloge findet man hinter einander zwei lange Beschreibungen von Laschia delicata und tremellosa, die zwar recht verschieden abgefasst sind, aber dennoch die am Schlusse der Laschia delicata stehende, für den bestimmenden Systematiker kaum ermuthigende Bemerkung rechtfertigen: „L. tremellosa ab hac non distinguenda est". Patouillard, wie gesagt, war der erste, der die Untersuchung der Basidien unternahm. Er fand, dass sie cylindrisch, lang und schlank, von lichtbrechendem Protoplasma strotzend und in drei oder vier Abtheilungen durch wagerechte Wände getheilt wären, „totalement dépourvus de stérigmates au sommet". Die letztere Bemerkung giebt Saccardo wieder mit den Worten: „sterigmatibus nullis". Meine zu vielen Malen wiederholten Untersuchungen der allerdings recht schwer deutlich sichtbar zu machenden Basidien lassen keinen Zweifel darüber, dass sie stets in vier Theilzellen zerfallen, dass die oberste Theilzelle zu einem bald längeren, bald kürzeren fadenförmigen Sterigma auswächst, und dass die gleichen Sterigmen auch an den unteren Zellen, und zwar je eins immer dicht unter der oberen Scheidewand entstehen, mit einem Worte, dass eine bis in die kleinsten Einzelheiten gehende Uebereinstimmung besteht mit den Basidien, welche für Auricularia sambucina Mart. von Brefeld im VII. Hefte seiner Untersuchungen beschrieben und auf Taf. III Fig. 5 daselbst mit grösster Treue abgebildet worden sind. Man weiss aus diesen Untersuchungen, dass meistens die vier Sterigmen nach einander entstehen, dass auch die vier Sporen nicht gleichzeitig zur Entwickelung kommen, und dass häufig die oberste Theilzelle einer Basidie schon entleert sein kann, wenn die unterste noch kaum das Sterigma hervorgetrieben hat. Solche Basidien können dann sehr leicht für dreizellig gehalten werden. — Patouillard kam auf Grund seiner Beobachtungen zu dem von ihm klar ausgesprochenen richtigen Schlusse, dass die fragliche Pilzform (welche ausserdem noch L. velutina und nitida unter sich begreift) bei der Gattung Auricularia ihre richtige Stelle zu finden habe und dort Vertreterin einer besonderen Sektion mit wabigem Hymenium sein müsse. Um so mehr ist es nun zu verwundern, dass der Autor diese von ihm bestimmte Stelle der Laschia nicht angewiesen hat, sondern dass er sie weiterhin als Laschia behandelt und unter eben diesem Gattungsnamen nun eine Reihe weiterer neuer Pilze beschreibt, welche mit der Friesschen Laschia nicht mehr Verwandtschaft haben, als irgend eine andere Polyporee. Es ist dadurch eine geradezu erschreckende Verwirrung angerichtet. Die von Patouillard als Laschia beschriebenen Formen sind, wie er richtig angiebt, mit viersporigen, einfachen, ungetheilten Basidien ausgerüstet. Sie gehören einer Gruppe an, welche in den Tropen häufig zu sein scheint, und von der ich viele verschiedene Vertreter auch in Brasilien sammelte. Die ihnen nächstverwandte bekannte Gattung ist Favolus.

Es hatte nicht einen Schatten von Berechtigung, sie mit der Friesschen Laschia zu vereinen, und wenn Patouillard das Resultat seiner Arbeit zieht, indem er die Gattung „Laschia Fries emend.“ aufstellt, ihren Charakter mit ungetheilten Basidien bestimmt, die neuen favolusartigen Formen als Arten aufführt, und schliesslich die von Fries als Laschia bezeichnete Auriculariacee, auf die hin gerade Laschia begründet wurde, als von der Gattung auszuschliessende Art aufführt, so ist das Verfahren meines Erachtens nicht zu rechtfertigen.

Eine Folge dieser unseligen Verwirrung ist die für unsere heutigen mykologischen Anschauungen geradezu unglaubliche Anordnung bei Saccardo, wo Laschia als Autobasidiomyceten-Gattung bei den Polyporeen steht und in Untergattungen zerfällt, von denen die erste, Eu-Laschia, ungetheilte viersporige Basidien, die zweite, Auriculariella, mehrzellige Basidien haben soll.

Nach dem bisherigen Standpunkt unserer Kenntnisse wäre es allein richtig gewesen, für die Form, mit der wir uns beschäftigen, den alten Namen Laschia delicata Fr. beizubehalten. Laschia wäre dann eine Gattung der Auriculariaceen gewesen, welche ein polyporenartiges Hymenium besitzt, und die Patouillard'sche Gattung Laschia verlöre die Berechtigung zu ihrem Namen. Neue bisher nicht beachtete Thatsachen machen auch die eben angedeutete Stellungnahme unmöglich.

Während der ganzen Zeit meines Aufenthaltes in Brasilien habe ich den auffallenden Judasohren meine Aufmerksamkeit zugewendet. Sie gehören neben Polyporus sanguineus und Schizophyllum commune zu den allergemeinsten Pilzen des Landes. Sie kommen zu jeder Jahreszeit vor, und nach jedem Regen findet man sie an morschen Stämmen in grossen Massen, so dass man sie leicht körbeweis sammeln könnte. Indem ich nun Material von den verschiedensten Standorten in Menge sammelte und vergleichend untersuchte, so kam ich bald zu der Ueberzeugung, dass ich es hier mit einer in Form, Farbe und Grösse ganz ausserordentlich schwankenden Art zu thun hatte. Es finden sich Fruchtkörper, deren hymeniale Fläche fast oder vollständig glatt ist (Taf. I Fig. 1a und b). Sie sind mehr oder weniger flach oder hohl, und sie erweisen sich als vollkommen ununterscheidbar von dem europäischen Judasohr. Thatsächlich wird auch dieses in den Sammlungen aus verschiedenen tropischen Ländern aufgeführt. Bei Fig. 1b sehen wir schon aderige Falten im Hymenium angedeutet. Wir finden solche nun in jeder denkbaren Stärke der Ausbildung an den verschiedenen Fruchtkörpern. Fig. 1c zeigt schon recht deutliche, hie und da Wabenbildungen hervorrufende Falten. Aber auch zwischen diesem Zustand und dem der Figuren d und e, welche das fast regelmässige wabige Fruchtlager der Laschia delicata Fr. darstellen, finden sich alle denkbaren Uebergänge. An keiner Stelle ist zwischen all diesen Formen eine Grenze zu ziehen. Für die Grösse der Fruchtkörper lassen sich kaum Maasse angeben. Von den kleinsten Bildungen steigen sie an bis zu Handtellergrösse; bis zu 15 cm Durchmesser habe ich in einzelnen Fällen gemessen. Im Umrisse ist ja die bekannte Ohrform vorherrschend, aber keineswegs ausnahmelos. Der Stielansatz findet sich in der Mehrzahl der Fälle seitlich rückwärts, so wie bei b, d und e. Bei c liegt er ziemlich in der Mitte, da wo der tiefere Schatten sich findet; bisweilen ist er vollkommen central und der Fruchtkörper bildet eine glatte, kreisrunde, pezizaartige Scheibe. Die häufigste Farbe ist röthlich braun, sie geht bis nahezu zum schwarz in einigen Fällen, z. B. bei dem Fruchtkörper a der Figur, und andererseits durch hellere Schattirungen bis zum vollkommensten weiss, das ich an einzelnen Fruchtkörpern beobachtete. Alle diese äusserlich so sehr verschiedenen Formen sind indessen geeint durch dieselbe knorpelig, gallertige Beschaffenheit. Bei allen ist die Oberseite, für das blosse Auge zumal, in feuchtem Zustande fast vollkommen glatt. Bei mikroskopischer Untersuchung findet man sie besetzt mit kurzen Haaren, welche meist büschelweise zusammenstehen, ohne eigentlich verfilzt zu sein. Die mittlere Schichte des in der Dicke sehr wechselnden Fruchtkörpers hat stets einen lockeren Zusammenhalt. Die Fäden verlaufen dort mit grösserem Zwischenraum in reichlicherer Gallerte. Man kann daher in angefeuchtetem Zustande stets leicht die obere sterile und die untere fertile Seite über den ganzen Fruchtkörper hin von einander trennen. Das Hymenium und die Sporen sind bei allen Formen bis in alle Einzelheiten gleich. Die Beschreibung, welche man bei Brefeld (a. a. O.) für Auricularia sambucina Mart. = Auricularia auricula Judae L. findet, passt auf sie alle.

Dieselbe fast erstaunliche Uebereinstimmung aller fand ich in zahlreichen Kulturen, die ich zu vielen Malen von den glatten sowohl wie von den wabigen Fruchtkörpern herleitete. Manche dieser Kulturen habe ich monatelang beobachtet. Auf ihre Ergebnisse gehe ich nicht ein. Ich habe der ausführlichen Schilderung Brefelds nichts zuzusetzen. Ich will aber nicht unerwähnt lassen, dass ich gerade in diesem Falle an der Hand der Brefeldschen Ausführungen meine Kulturen von Tag zu Tag prüfte, und dass ich auch bezüglich der von wabenartig ausgebildeten Fruchtkörpern stammenden Sporen alle Einzelheiten über die Keimung, die Bildung der Theilwände in der Spore, die bald früher bald später, spärlicher oder üppiger eintretende Fruktifikation in den charakteristischen Häkchenconidien Wort für Wort bei den brasilischen Pilzen bestätigt gefunden habe. Die Conidienfruktifikation erschien gleicherweise, ob meine Aussaatsporen von glatten, mit Aur. auricula Judae übereinstimmenden, oder von der Friesschen Laschia delicata herstammten. — Die Länge der Sporen schwankte bei den beobachteten Formen wenig um 12 μ, die Breite um 4—5 μ. Bei Brefeld sind die Maasse bedeutend grösser (20—25 μ und 7—9 μ) angegeben. Nachdem aber Herr Professor Brefeld die Güte hatte, mir seine Originalpräparate zum Vergleiche zu senden, konnte ich mich überzeugen, dass hier nur Unterschiede in dem angewendeten Messinstrumente, keine wesentlichen in der wirklichen Grösse der Sporen vorliegen.

Das Ergebniss der Untersuchung lässt sich dahin zusammenfassen, dass Auricularia auricula Judae L. (= sambucina Mart.) eine über die ganze Welt verbreitete ausserordentlich abändernde Art ist, welche in den Tropen besonders häufig vorkommt und dort oftmals zu einem polyporeenartig ausgebildeten Fruchtlager vorgeschritten angetroffen wird. Falten und Netzleisten im Hymenium finden sich auch schon an europäischen Formen. Die genannte, längst bekannte Art begreift unter sich als ihre höchst entwickelte Form die Laschia delicata Fr.

Auch in Brasilien hörte ich, dass diese Auricularia, jedoch

nur in Ermangelung besserer Speise, von den neu im Urwalde angesiedelten polnischen Kolonisten gegessen wurde.

Der leitende Gedanke, welcher uns bei den Autobasidiomyceten den Fortschritt von den Thelephoreen zu den Hydneen und Polyporeen und Agaricineen verständlich macht, ist der der Oberflächenvergrösserung. Wenn, ohne dass erheblicher Mehraufwand von Baustoffen für den Fruchtkörper veranlasst werden soll, dennoch möglichst zahlreiche Basidiensporen an ihm zur Ausbildung kommen müssen, so kann dies nur erreicht werden, indem das glatte Hymenium der Thelephoreen sich entweder mit Leisten bedeckt, deren senkrecht zum Lager stehende Wände nun auch Basidien erzeugen, oder indem netzförmig verbundene Wälle sich erheben, welche schliesslich röhrenartige Hohlräume umschliessen, in die hinein die Sporen gebildet werden, oder indem einzeln stehende Erhebungen auftragen, welche sich ringsum mit dem Hymenium bedecken. Alle diese Fälle sehen wir unter den Autobasidiomyceten verwirklicht. Mannigfaltige Uebergänge zwischen den verschiedenen Typen der Oberflächenvergrösserung sind denkbar, und beinahe alle finden wir in Wirklichkeit bisweilen ausgebildet. Ich werde hoffentlich Gelegenheit haben, im weiteren Verlaufe dieser Mittheilungen auf manche besonders bemerkenswerthe Uebergänge von Thelephoreen zu Agaricineen einerseits, zu Polyporeen und weiter Hydneen andererseits, endlich auch von Agaricinen zu Polyporeen in genauerer Darstellung hinzuweisen. Dabei werden wir bemerken, dass noch heute manche Formen in ihrem Entwicklungsgange Zustände durchlaufen, welche sie der Reihe nach z. B. zu den Thelephoreen, dann zu den Polyporeen, endlich zu den Hydneen zu stellen erlauben würden. Thatsachen, die auch den ernsthaften Systematikern, Elias Fries an der Spitze, nicht unbekannt geblieben sind, ob sie gleich eine auf genügend reiches Material gestützte zusammenhängende Bearbeitung bisher nicht erfahren haben.

Die Protobasidiomyceten bilden zu den Autobasidiomyceten eine parallele Reihe, und indem wir feststellen, dass dasselbe Prinzip der

Oberflächenvergrösserung bei ihren Fruchtkörpern in Wirksamkeit tritt, und dieselben Folgen mit sich bringt, die Protobasidiomyceten also in ihren höchsten Vertretern wiederum zu Protothelephoreen, Protohydneen und Protopolyporeen führt, erkennen wir deutlich die Natürlichkeit und die Selbstständigkeit der ganzen Familie. Eine Protopolyporee unter den Auricularіaceen ist also Auricularia, unter den Tremellaceen werden wir als solche den Protomerulius brasiliensis kennen lernen, makroskopisch nicht von der Gattung Merulius zu unterscheiden, dennoch im Besitze der Tremellinenbasidie, und dadurch seinen weiten Abstand in der Blutsverwandtschaft bekundend. Tremellodon und Protohydnum endlich vertreten unter den Protobasidiomyceten die Hydneen, während den Agaricinen entsprechende Arten bisher noch nicht bekannt geworden sind.

Es hat sich in der Praxis der Systematik für die Autobasidiomyceten der Grundsatz herausgebildet, dass wir den Formen ihre systematische Stellung anweisen da, wohin sie die jeweilen höchste Fruchtkörperausgestaltung verweist. Ich habe beobachtet, dass Schizophyllum in geeigneten Kulturen häufig Zustände durchläuft, in denen es einem pezizaartigen Becher ähnelt mit glatter, basidienbedeckter Scheibe, und erst nachträglich treten die Lamellen darin auf. Von Polyporus vaporarius wissen wir aus Brefelds Untersuchungen (Bd. VIII S. 108), dass er in künstlichen Kulturen erst freie Basidien, dann glatte thelephoraartige Lager von Basidien bildet, ehe die Röhren angelegt werden. Genau so verhielt sich in Kulturen auch der durch die Tropen der alten und neuen Welt gemeinste Polyporus sanguineus. In Henningsia geminella nov. gen. et nov. spec., einem Typus der Polyporeen, werden wir eine Form antreffen, welche regelmässig einen verhältnissmässig hochorganisirten Thelephoreenzustand durchläuft, ehe die Röhren des höher entwickelten Fruchtkörpers in die Erscheinung treten. Kein Mensch würde desshalb die eben genannten Pilze zu den Thelephoreen stellen. Wenn wir diese Thatsache bedenken, so erscheint es nur folgerichtig, die Auricularia auricula Judae abzutrennen von denjenigen Auricularia-Arten, welche das wabige Fruchtlager noch nicht besitzen, also z. B. von A. mesenterica. Die letztere würde zu den den Thelephoreen entsprechenden Protobasidiomyceten (Protothelephoreen) zu zählen sein, die Aur. auric. Judae hingegen zu den Protopolyporeen. Wollte man diesen Erwägungen folgen, so müsste unbedingt der Friessche, mit feinem Verständniss begründete Name Laschia für unsere Auricularia wieder in seine Rechte treten.

Einzig und allein der Umstand, dass in unserem Falle die höchste Fruchtkörperausbildung nicht von allen Individuen, ja im Ganzen genommen vielleicht nur von einer Minderzahl unter besonderen Verhältnissen schliesslich erreicht wird, lässt es mir richtiger erscheinen, sie im Rahmen der alten Gattung Auricularia zu belassen. Man möchte nämlich nach dem Vorangegangenen wohl erwarten, dass bei Auricularia junge Fruchtkörper immer glatt seien, dass dann mit zunehmendem Alter die Falten aufträten, häufiger würden und schliesslich zu dem wabigen Hymenium überleiteten. Dem ist aber nicht so. Zahlreiche Beobachtungen überzeugten mich, dass die wabigen Fruchtkörper schon in den jüngsten Zuständen ihren Charakter zeigen, und dass die glatten nicht runzelig werden, wenn sie auch noch so sehr an Grösse zunehmen. Im grossen Ganzen bemerkt man sogar, dass meist die in einem Trupp an ein und demselben Stamme zusammenstehenden Einzelwesen, die also wahrscheinlich ein und demselben Mycel entspringen, in der Art und Form der Ausbildung ihres Hymeniums mit einander übereinstimmen. Auch diese Regel leidet jedoch viele Ausnahmen. Ich habe bei mehrfachem Suchen häufig Stellen gefunden, wo im dichten Trupp glatte, gefurchte und wabige Fruchtkörper enge bei einander und durch einander vorkamen.

II.

Uredinaceen.

Die grosse und weit verbreitete artenreiche Familie der Rostpilze wird zweckmässig als zweite Familie der Protobasidiomyceten aufgeführt. Wir haben ihre nahen Beziehungen zu den niederen Auricularіaceen, insbesondere zu den als Saccoblastia neu bezeichneten Pilzen im Vorhergehenden kennen gelernt. Die Ludwigsche Bemerkung über das von von Lagerheim entdeckte Campylobasidium bestärkt uns in der Ansicht, dass es wohl möglich ist, die Uredinaceen von den niederen Auriculariaceen natürlich abzuleiten. Durch die Anpassung an parasitische Lebensweise wurde die phylogenetische Entwickelung dieser Formenreihe in eigenartige Bahnen gelenkt. Die Nebenfruchtformen entwickelten sich in einem Reichthum, wie er sonst im Pilzreiche kaum zum zweiten Male angetroffen wird. Conidien traten in eigenen geschlossenen Behältern auf (den früheren „Spermogonien"). Ganz besonders aber wurde die Chlamydosporenfruchtform gefördert, welche bei manchen Arten in dreierlei verschiedenen Wandlungen ihrer Gestalt, als Uredospore, Teleutospore und Aecidiospore auftrat. Jede dieser Chlamydosporenformen kann dann noch zu mehr oder weniger hoch entwickelten, fruchtkörperartigen Bildungen ansteigen.

Unter der Summe so vielgestaltiger Nebenfruchtformen verschwand dem Beobachter die Hauptfruchtform, die Basidie, zu scheinbar untergeordneter Bedeutung, und erst Brefeld blieb es vorbehalten, durch seine vergleichend mykologischen Studien die wahre und entscheidende Bedeutung dieser Basidie, die Tulasne schon dunkel geahnt hatte (vgl. oben Seite 14—15), ins rechte Licht zu setzen, und damit die ganze Familie der Uredinaceen unter die Protobasidiomyceten endgültig einzureihen. (Brefeld VIII S. 229 ff.)

Eine Uebersicht über die Eintheilung der in so zahlreichen Vertretern über die ganze Welt verbreiteten Familie findet man bei von Tavel: Vergleichende Morphologie der Pilze, Seite 123 ff.

Die nicht eben zahlreichen Uredinaceen, welche ich in Brasilien sammelte, hat Herr Hennings zu beschreiben freundlichst übernommen. Entwickelungsgeschichtliche Untersuchungen habe ich mit ihnen nicht angestellt.

III.

Pilacraceen.

a. Pilacrella Schröter.

Die brasilische **Pilacrella**, welche ich hier zu beschreiben habe, ist mit dem Namen **delectans** ausgezeichnet, weil ich wohl sagen kann, dass von all den Ergebnissen, welche mir über 9000 Objektträgerkulturen im Zeitraume von beinahe 3 Jahren lieferten, keine mich so hoch erfreuten, wie die hier zu schildernden. Schon dadurch, dass der Pilz der künstlichen Kultur sich überaus leicht fügte und in ihr zur Bildung von Fruchtkörpern gelangte, welche den in der Natur gefundenen in keinem Stücke nachstanden, bildete er für mich ein willkommenes Objekt. Zum werthvollsten Gegenstande meiner Beobachtungen wurde er aber durch die im Laufe der Kultur in die Erscheinung tretenden Nebenfruchtformen, und deren schrittweise Ansteigerung bis zur Basidien- und endlich zur vollendeten Fruchtkörperbildung. Diese Pilacrella lehrte wie kein anderer Pilz klar und unzweifelhaft, in welcher Weise wir uns die Entstehung der Auricularíabasidien aus dem conidientragenden Faden zu denken haben. Pilacrella gab aber auch Aufschlüsse über die gemeinhin als Spermatien bezeichnete Conidienform, sie zeigt den Ursprung dieser Bildungen unverkennbar deutlich uns auf, und in dem Besitze dieser „Spermatien" giebt sie uns einen neuen und erwünschten Beleg für die zwischen den Urediniaceen und Auricularíaceen bestehenden verwandtschaftlichen Beziehungen. Ueber all dieses aber hinaus gewährt uns diese herrliche Form einen Einblick in die Abtheilung der Werkstätte der Natur, in der die Fruchtkörper der Pilze gebildet werden. Hier ist die Einzelentwickelungsgeschichte in der unzweifelhaftesten Art eine Wiederholung der Stammesgeschichte. Während aber deren Phasen sonst fast stets in so beschleunigtem Zeitmaasse durchlaufen werden, dass es schwer fällt, die einzelnen Bilder von einander abzutrennen, so werden sie uns von Pilacrella langsam nach einander vorgeführt, so dass auch das blödeste Auge folgen kann und einsehen und verstehen muss, wie der vollendete Fruchtkörper entstand. Im besonderen zeigt sie uns den Weg an zu der angiokarpen Fruchtkörperform, welche noch höher ausgebildet in Pilacre erreicht wird.

Pilacrella delectans nov. spec. tritt in den Wäldern der Umgegend Blumenaus stets gesellig auf, wie es auch für P. Solani Cohn et Schröter angegeben wird, und zwar habe ich sie nur an Blatt- und Stammresten der Euterpe oleracea, der bei Blumenau so häufigen Kohlpalme angetroffen. Wenn man einen solchen Palmitenstamm durch einen tiefen Kerb verwundet, so bedeckt alsbald ein zäher Schleim die Wundstelle, und während der warmen Jahreszeit kann man ziemlich sicher darauf rechnen, nach 3 bis 4 Wochen die zierliche Pilacrella in dichten Trupps darauf anzutreffen. Aber auch lange, aufgespaltene Palmitenstämme, die im Walde liegen geblieben waren, habe ich ganz und gar von Pilacrella besiedelt angetroffen. Der Pilz gewährt einen wunderhübschen Anblick. Auf einem feinen, fast wasserhellen, kaum 4 mm hohen Stielchen sitzt ein weisser Kopf, ein weisses kugliges Schleimklümpchen, welches höchstens $^3/_4$ mm Durchmesser erreicht. Die ganze Erscheinung gleicht makroskopisch der von Dictyostelium mucoroides. Auf dem dunklen Wundschleim der Euterpe-Stämme sehen die zahlreich neben einander stehenden Pilacrellaköpfchen wie weisse glänzende Perlen aus.

Betrachten wir zunächst die Entstehung und Beschaffenheit der Fruchtkörper, wie sie sich aus dem Vergleiche der am natürlichen Standorte neben einander gefundenen Stücke ergiebt. Der Pilz entsteht auf der Unterlage als ein kleiner, wässerig durchscheinender Hyphenknäuel, in dem eine regelmässige Lagerung der Hyphen noch nicht erkennbar ist. Aus der Spitze dieses bis 1 mm hohen, bald kegelförmigen Knäuels erhebt sich, mit erheblicher Verdünnung gegenüber der Spitze des Kegels, der Stiel des Fruchtkörpers, welcher aus deutlich parallel gelagerten Hyphen zusammengesetzt ist. Schon von unten an biegt ab und zu eine Hyphe aus und endet, haarartig den Stiel bekleidend, frei in der Luft. Weiterhin aber, wenn an der Spitze des Stieles der wenig verdickte Kopf sich bildet, so biegen unter diesem alle Hyphen seitlich ab und wachsen haarartig aus, indem sie gleich dem Kelche einer Blüthe nach oben wieder mehr oder weniger zusammenschliessen. Die Fig. 18 Taf. V zeigt ein solches abgeschnittenes und in einen Wassertropfen gelegtes Köpfchen mit seinem Haarkelche. Nach aussen umgeben es die alsbald in grossen Mengen abfallenden und im Wasser sich verbreitenden Sporen. Im Inneren des Haarkelches enden die mittleren Hyphen des Stieles, welche dort ein bald mehr länglich ovales, bald kugliges oder auch nur flach gewölbtes Köpfchen bilden und ihre sämmtlichen Endigungen zu Basidien umbilden. Obschon in der Regel die äusseren Hyphen die Hülle, die inneren die Basidien erzeugen, so finden sich doch in der Uebergangszone genug Beispiele, wie das in Fig. 19 dargestellte, wo ein und derselbe Faden sich verzweigend nach aussen an der Hüllbildung, nach innen an der Basidienbildung sich betheiligt. Die Bildung der Hüllfäden wird ebenfalls aus der Fig. 19 ersichtlich. Der mehrzellige Hauptfaden ist stets schwach nach oben und innen eingebogen. Zahlreiche Seitenäste gehen von ihm nur an seiner äusseren Seite ab. Sie entspringen immer dicht unter der oberen Scheidewand und bilden je für sich eine Scheidewand dicht über der Ansatzstelle. Die Seitenzweige betheiligen sich mit entsprechender Stellung und Krümmung an der Bildung der haarkelchartigen Hülle.

Betrachten wir nun die das ganze Köpfchen bedeckenden Basidien (Fig. 20). Wir sehen sofort, dass wir es mit typischen Auriculariaceenbasidien zu thun haben. Sie sind im Durchschnitte 60 μ lang, 5—6 μ breit und deutlich in je vier Theilzellen getheilt. Die reife Basidie zeigt eine charakteristische Umkrümmung im oberen Drittel ihrer Länge. Die Sporen spriessen ohne Sterigma hervor. Der Ort ihres Austretens ist noch nicht bestimmt. Meist liegt er dicht an einer Scheidewand. Oftmals brechen die vier Theilzellen nachträglich aus einander (Fig. 20).

Der weisse Pilz besitzt, wie erwähnt, ein weisslich glänzendes Köpfchen. Dies wird gebildet von einer wässrigen Flüssigkeit, welche durch die haarartige Hülle zusammengehalten ist und von den zahllosen in ihr umherschwimmenden Sporen weissgefärbt scheint. Man hat nur nöthig, mit einer Nadel solch Köpfchen zu berühren, um eine beliebig grosse Menge von Sporen abzunehmen, welche sich leicht in Wasser oder Nährlösung vertheilen. Die so abgenommenen ovalen Sporen schwanken in der Länge von 14—18, in der Breite von 7—8 μ. Sie keimen in Nährlösung fast unmittelbar nach der Aussaat, und zwar treten zunächst zwei kräftige Keimschläuche aus den Enden der Spore. Die Fig. 21 zeigt ein bereits verzweigtes, doch nur 12 Stunden altes Mycel. Schnell breitet sich das kräftige Fadengeflecht im Kulturtropfen weiter aus. Schon nach 24 Stunden beginnt hier und da die alsbald immer üppiger auftretende Conidienfruktifikation (Fig. 22 und 23). Aus der Spitze je eines Fadens sprosst eine Conidie, welche in Form und Grösse der Basidienspore sehr ähnlich ist. Sobald die volle Grösse erreicht ist, wird sie abgestossen und das Fadenende bringt eine neue Conidie hervor. Nur selten sieht man zwei Conidien neben einander ansitzen (Fig. 22), zum Beweise, dass der Austrittspunkt nicht stets mathematisch genau derselbe ist. Die eben abgestossenen Conidien liegen noch eine Zeit lang parallel neben der neu sich bildenden (Fig. 22). Weiterhin sprossen die Conidien auch seitlich aus den Fäden, wie die Figuren es in mannigfacher Abwechselung darstellen. Selten kommt es vor, dass eine Conidie, noch an der Ursprungsstelle ansitzend, ihrerseits wieder Conidien bildet (Fig. 22 unten rechts). Es kommen dadurch Bilder zu Stande, welche in auffallender Weise an Hefesprossung erinnern. Von einer solchen kann aber bei Pilacrella sonst nicht die Rede sein, denn alle abgefallenen Conidien keimen alsbald mit Keimschläuchen, genau wie die Sporen, und bilden ebensolche conidientragende Mycelien, wie wir sie eben betrachtet haben. Obschon die Conidien den Basidiensporen sehr ähneln, so sind sie doch in der Form weniger bestimmt; jene schwanken zwischen 14 und 18 μ in der Länge, die äussersten Masse der Conidien aber sind 12 und 26 μ bei einer Breite von 6—9 μ.

Meine ersten Kulturen stammten vom 29. December 1891. Die zuerst auftretenden Conidien wurden an den Spitzen der Fäden gebildet, nachdem die Mycelien schon beträchtliche Ausbreitung gewonnen hatten. Durch einen von Brefeld gelehrten (und zum Beispiel bei der Kultur von Pilacre mit Erfolg angewendeten) Kunstgriff, nämlich absichtlich schlechte Ernährung der Mycelien, gelingt es, die Conidienfruktifikation gewissermassen zurückzuschieben, und Bilder (wie Fig. 22) zu gewinnen, wo man die Conidie in unzweifelhafter Weise auf die keimende Basidienspore zurückverfolgen kann. Auf die an den Spitzen gebildeten Conidien folgen bald die seitlich der Fäden auftretenden, am 3. Januar aber fand ich in mehreren Kulturen, dass einzelne der in der Nährlösung ausgebreiteten Zweigsysteme zur Bildung freier echter Basidien übergingen (Fig. 30). Im allgemeinen hört an solchen Fäden, die zur Basidienbildung sich anschicken, die Conidienerzeugung auf. Bei sorgfältigem Durchsuchen solcher Kulturen, in denen die ersten Basidien eben auftreten, hält es aber nicht schwer, Bilder zu finden, wie das wiedergegebene, wo die Conidien- und Basidienbildung unmittelbar neben einander in unzweifelhaftem Zusammenhange studirt werden können. Verfolgen wir nun, ehe wir auf die im besonderen höchst bemerkenswerthen Beziehungen beider Fruchtformen zu einander eingehen, den weiteren Verlauf der erst angelegten Kulturen. Die Basidienbildung überwiegt allmählich immer mehr und mehr die ganz zurücktretenden Conidien. Nach 14 Tagen haben die Fadengeflechte auf dem Objektträger eine solche Festigkeit in sich erlangt, dass man sie im ganzen abheben und auf neue Objektträger mit frischer Nährlösung übertragen kann. Jetzt sieht man aus dem Fadengeflechte hier und da zarte Fadenbündel in die Luft sich erheben bis zu 1 oder 2 mm Höhe. Sie sind so zart, dass sie schon beim Anhauchen umfallen. Nähere Untersuchung zeigt, dass sie die Spitzen darstellen von kleinen Kegeln, die in dem Fadengeflecht sich bilden durch engeren Zusammenschluss der Hyphen, und welche mit Basidien nach allen Seiten besetzt sind. Wir sehen in diesen Kegeln die niedersten Basidienfruchtkörper. Auch die feinen eben erwähnten in die Luft ausstrahlenden Hyphen der Spitze tragen Basidien. Allmählich, wie die Kultur kräftig weiter wächst, treten kräftigere Fruchtkörper auf, das in die Luft ragende Fadenbündel wird stärker und die Basidien rücken höher an dem so gebildeten Stiele hinauf, während ihre Bildung im unteren Theile nachlässt. So entstehen coremienartige Bildungen, die aber nicht mit Conidien, sondern mit Basidien besetzt sind. Fig. 31 stellt eine solche schon etwas weiter vorgeschrittene Bildung dar, wie sie in der dritten und vierten Woche nach Aussaat der Sporen häufig vorkommen. Hier ist die Hauptmasse der Basidien bereits in die Mitte des Trägers emporgerückt, doch kommen bis zur feinen Spitze hin Basidien vor und auch am unteren Theile ist noch eine basidienbesetzte Ranke zu finden. Noch ist der Stiel nicht scharf begrenzt, seine Wände sind noch unregelmässig in lose Haare zerfleddert, und auch zwischen den

Basidien ragen überall haarartige Hyphen hervor. Doch von Tag zu Tage werden nun gleichzeitig mit der Verstärkung und Kräftigung der Mycelgeflechte immer vollkommenere Fruchtkörper angelegt. Weiter rückt die Basidienmasse nach oben, der Stiel bildet sich aus als eine glatte, nicht mehr in Haare aufgelöste Säule. An seiner Spitze tritt die kopfige Verdickung in die Erscheinung. Auf ihr bilden die Basidien ein geschlossenes Lager und unter den Basidien sprossen die haarartigen Hyphen hervor, welche als ein Kelch das Hymenium des fertigen Pilzes schützend umgeben. Zuerst am 1. Februar, nach 34tägiger Kultur, trat ein normaler Fruchtkörper in meinen Kulturen auf, in allen Theilen denen gleich, welche ich in der Natur gefunden hatte und von denen ich ausgegangen war. Nachmalen erzielte ich deren eine grosse Zahl und manche waren kräftiger als die üppigsten, welche ich im Walde gefunden hatte. Die in Fig. 32 und 33 dargestellten Fruchtkörper sind in künstlicher Kultur erzogen. Es kamen, wie man da sieht, vereinzelt Fälle vor, wo der Stiel an seiner Spitze sich spaltete und mehrere, bis zu vier, von Haarkelchen umgebene Basidienköpfe bildete. Später bei vielem Suchen im Walde entdeckte ich solche ungewöhnlich üppig entwickelte Fruchtkörper, freilich als Ausnahmen, auch im Freien.

Es kann einem Zweifel nicht unterliegen, dass wir in den zu immer höherer Formgestaltung ansteigenden verschiedenen Fruchtkörperbildungen, wie sie eben beschrieben wurden, Bilder vor uns haben, welche die im Laufe der Zeiten vollendete Entstehungsgeschichte der heutigen Pilacrella aus niederer, den Stypinelleen verwandten Form uns erläutern. Die am Mycel zerstreuten Basidien rücken zusammen, Hyphenbildungen treten auf, mit dem Zweck, die Basidien über das Substrat hinauszuheben, der Luft auszusetzen, sie sichtbar zu machen. Diese Hyphenbildungen verstärken sich, nehmen an Höhe zu, und die Basidien rücken mehr und mehr an die Spitze des entstehenden Stieles, bis sie endlich auf einen bestimmt geformten kopfartigen Theil beschränkt und zum echten Hymenium dort zusammengeordnet werden. Erst ganz zuletzt treten die Haare auf, eine schützende Hülle zu bilden, und die Sporen, welche nicht abgeschleudert werden, vor zu schnellem Herabtropfen zu bewahren.

Die Möglichkeit einer so fesselnden Beobachtung wird allein der künstlichen Kultur verdankt. In der freien Natur habe ich solche Zwischenstufen, wie die in Fig. 31 dargestellte coremienartige Bildung nie aufgefunden, und wenn schon die Möglichkeit eines solchen Vorkommens auch im Freien nicht geleugnet werden soll, so ist es doch jedenfalls sehr selten. Den Grund dafür können wir leicht dem Verständniss zugänglich machen. Wenn die Spore der Pilacrella in starker Nährlösung keimt, so wird am ersten Tage ein kräftiges Mycel gebildet, ohne Conidien, die Conidienbildung tritt erst am Ende des zweiten Tages auf. In armen Nährlösungen wird das Mycel weniger üppig entwickelt, einzelne Conidien aber treten schon am ersten Tage in die Erscheinung. Ganz ebenso gelingt es durch kräftige Ernährung die ersten Basidien zurückzuhalten bis zum sechsten Tage nach der Aussaat. Dann gehen plötzlich ganze Fadensysteme zu reicher Basidienbildung über und Conidien kommen dazwischen gar nicht vor. Ist die Ernährung schlechter oder die Kultur durch Bakterien beeinträchtigt, so können schon am dritten Tage einzelne Basidien auftreten, und dann meist an solchen Fäden, die überwiegend noch Conidien tragen. Es scheint also, dass das Mycel, wenn ihm günstige Lebensbedingungen geboten sind, immer einen gewissen Grad der inneren Kraft erreicht und dann die nächsthöhere Fruchtform in ihrer Vollendung plötzlich kräftig erzeugt; wenn die Lebensbedingungen ungünstigere sind, so wird die vegetative Ausbildung nach Maassgabe der geringeren Mittel vollendet. Der Trieb, die höchste Fruchtform hervorzubringen, macht sich aber dennoch geltend, und sie erscheint, in geringerer Ueppigkeit und früher als sonst geschehen wäre, die Entwickelung abschliessend, für deren normale Zeitdauer die vorhandenen Nährstoffe nicht ausreichend gewesen wären. Genau so können wir uns vorstellen, dass auf dem reichen Nährboden, wie die Natur ihn bietet, die Pilacrellamycelien zu üppiger Kraft heranwachsen, ohne Basidien hervorzubringen, und erst wenn das höchste Maass vegetativer Entwickelung erreicht ist, werden mit einem Male die Basidien erzeugt, und zwar dann gleich in der höchsten Fruchtkörperausbildung, zu der die Form bis heute vorgeschritten ist. Auf den Glasplatten der künstlichen Kultur droht Nahrungsmangel, und ehe das Ende eintritt, bricht der Trieb zur Basidienfruchtkörperbildung sich Bahn. So lange die Mycelien noch nicht genügend gekräftigt sind, kann der ganz entwickelte Fruchtkörper nicht erzeugt werden. Die Pflanze begnügt sich mit geringerer Leistung und greift zurück auf niedere Fruchtkörperformen, wie sie zu früheren Zeiten den Gipfelpunkt ihrer Entwickelung mögen bezeichnet haben. Indem die Mycelien durch tägliche Uebertragung auf neue Objektträger und immer neue Nahrungszufuhr mehr und mehr gekräftigt werden, steigen auch die Fruchtkörper zu höherer Vollendung, bis endlich die letzte heut mögliche Stufe der Ausbildung erreicht wird. — Eine Eiche auf frischem kräftigen Boden im freien Stande bringt Früchte erst vom 70. Jahre an, auf schlechtem Boden, im Druck u. s. w. kann der Zeitpunkt der Fruchterzeugung schon im 20. Jahre eintreten.

Die vergleichende Untersuchung zahlreicher reifer Fruchtkörper zeigt, dass die Länge und Ausbildung des Haarkelches, an demselben Standorte sogar, sehr erheblichen Schwankungen unterliegt. Mitunter ist er nur kurz offen, das Köpfchen in der unteren Hälfte umgebend (Fig. 33). Von da an finden sich alle Abstufungen bis zu dem in Fig. 18 dargestellten Falle, wo er nach oben zusammenschliessend eine Art Hülle bildet. Ich glaube, dass es gerechtfertigt ist, diese haarartigen Hyphen, deren Beschaffenheit oben näher geschildert wurde, wesensgleich zu setzen mit den haarartigen Gebilden, welche die lockere Peridie des Pilacre bilden (vgl. Bref. VII Taf. I) und es ist mir deshalb nicht zweifelhaft, dass Pilacrella vor Pilacre zur Zeit die bestmögliche Stellung im Systeme zu finden hat.

Die Sporen werden nicht abgeschleudert. Sie bilden ein weissglänzendes schleimiges Knöpfchen am Gipfel des Stieles, das durch den Haarkelch zusammengehalten wird. Es ist möglich, dass die basidienbildenden Fäden auch Flüssigkeitstropfen abscheiden, welchen die wässrige Substanz des Knöpfchens ihren Ursprung verdankt, obwohl man dies nicht unmittelbar beobachten kann. Jedes Insekt, welches die Pilacrellafruchtkörper berührt, trägt aus dem Tröpfchen eine Menge Sporen mit sich fort und dient der Verbreitung der Form. Dass für die Sporenverbreitung in ausgiebigster Weise gesorgt wird, dafür zeugt der Umstand, dass wo man auch immer im Walde eine Palmite zweckentsprechend verwundet, nach vier Wochen Pilacrella gefunden wird, es müsste denn ausnahmsweise trockene Witterung oder die Kälte im Juni bis August hindernd dazwischentreten.

Meine ersten Kulturen gewann ich, indem ich mit einer reinen Nadel dem Kopf eines in der Natur gefundenen Fruchtkörpers Sporen entnahm. Jeder, der sich mit solchen Kulturen beschäftigt hat, wird wissen, dass in diesem Wege niemals reine Kulturen zu gewinnen sind. Stets gelangen Bakterien mit in den Kulturtropfen. Wenn Pilacrella in meinen Nährlösungen nicht ein so günstiges Substrat gefunden, nicht so schnell und üppig gewachsen wäre, wie es glücklicher Weise der Fall war, so würde ich schwerlich Erfolg erzielt haben, denn die Bakterien hätten die Ueberhand gewonnen. So aber wuchs der Pilz trotz der Bakterien in der beschriebenen Weise. Je mehr Interesse aber die Conidienbildungen und das erste Auftreten der Basidien boten, um so lebhafter wurde der Wunsch, in ganz reinen Kulturen diesen Bildungen erneute Beobachtung zuwenden zu können. Und dieser Wunsch wurde erfüllbar mit dem Moment, wo in den Kulturen die in die Luft ragenden Fruchtkörper auftraten. Aus ihnen konnte ich, sobald die ersten Basidien reif waren, Aussaatmaterial entnehmen, welches ganz rein war, und es wurde nun eine neue grosse Reihe von Kulturen angelegt, deren Resultate die darauf verwendete monatelange Mühe in unerwartetem Maasse belohnten.

Die Conidienbildung trat alsbald ein, wie früher. Aber besser konnte ich jetzt erkennen, wie die Conidie aus dem dünnen Ende des Fadens sprosst, und wenn sie ihre endgültige Grösse erreicht hat, durch eine Scheidewand abgegrenzt wird, um dann abzufallen. Auch konnte ich verfolgen, dass eine Fadenspitze wohl mehrere Conidien hinter einander, aber kaum jemals mehr als vier oder höchstens fünf hervorbringt. Aufs höchste überrascht aber wurde ich schon am zweiten Tage durch das Auftreten einer neuen zweiten Conidienform, die in den früheren durch Bakterien verunreinigten Kulturen zu sicherer Beobachtung nicht hatte gelangen können. Bei Keimung in Wasser oder sehr dünner Nährlösung tritt auch diese Conidienform bald und nahe der keimenden Spore auf. In Fig. 26 sehen wir eine Basidienspore mit zwei Keimschläuchen. An dem oberen bildet sich eine grosse Conidie, an den Verzweigungen der unteren sehen wir die neuen kleinen Conidien entstehen. Sie sprossen aus den gleichen Fadenenden wie die grossen, sie sind aber rundlich, haben nur 2 μ Durchmesser und werden von ein und derselben Spitze nach und nach in grossen Mengen gebildet. Die abgeschnürten kleinen Conidien ordnen sich vor der Fadenspitze, wenn der Kulturtropfen nicht heftig erschüttert wird, in eine lange Doppelreihe (Fig. 27 b und 24), und es ist klar, dass sie je für sich von einer Gallerthülle umgeben sind, welche die einzelnen mit einander lose verklebt. Mit welcher Schnelligkeit die Bildung dieser spermatienartigen Conidien vor sich geht, lässt sich aus den Fig. 25 a—d entnehmen. Wir sehen da um 9 Uhr an einer Fadenspitze fünf freie Conidien liegen, eine sechste sitzt noch an. Um 9 Uhr 20 Min. finden wir auch diese frei; das Fadenende ist einfach abgerundet. Um 9 Uhr 40 Min. sprosst schon wieder eine Conidie hervor, die wir um

10 Uhr 20 Min. abgestossen finden, so dass nun 7 freie Conidien daliegen. Von welchen Bedingungen es abhängt, ob grosse oder kleine Conidien gebildet werden, vermag ich nicht zu sagen. Die Spore Fig. 24, welche an ihren Keimschläuchen in so grosser Zahl kleine Conidien bildet, lag mitten zwischen vielen anderen, deren keine solche Bildungen hervorbrachte. Die am weitesten von der abschnürenden Spitze entfernten Conidien liegen am wenigsten regelmässig geordnet und zeigen eine Anschwellung. Diese Anschwellung kann (Fig. 27 a) so weit gehen, dass eine vollkommene Uebereinstimmung mit den kleinsten Stücken der grossen Conidienform zu Stande kommt. Während die letztere aber stets kräftig und sofort keimt, ist den kleinen die Keimkraft ausserordentlich geschwächt, wo nicht ganz verloren gegangen. Sie liegen in grossen Massen in dem Kulturtropfen umher und kommen über die Anschwellung nicht hinaus.

Ganz dieselben wie die hier vorkommenden kleinen Conidien haben wir früher schon bei Saccoblastia ovispora kennen gelernt. Es ist dort schon darauf hingewiesen, dass wir sie als wesensgleich mit den sogenannten Spermatien der Uredinaceen anzusehen haben. Pilacrella aber giebt uns über ihre Herkunft noch weiteren Aufschluss. Während nämlich in weitaus den meisten Fällen ein Fadenende nur grosse oder nur kleine Conidien bildet, so wurden bei langem und vielfachem Durchmustern zahlreicher Kulturen endlich auch Fadenenden gefunden, welche nach einander erst grosse, keimkräftige und dann kleine, nicht keimende Conidien erzeugten (Fig. 27 c). Nach diesem Befunde kann an der Wesensgleichheit beider Gebilde ein Zweifel nicht wohl bleiben. Die Conidienfruktifikation ist hier gespalten in zwei verschiedene Formen. Wir wissen, dass beide Conidienformen je für sich weitere Steigerungen der Ausbildung erfahren haben. Die Fäden, welche die kleinen Conidien erzeugen, rücken zusammen zu einem Lager, dieses Lager wird dichter und dichter und kleidet schliesslich den Innenraum einer urnenartigen Höhlung aus. So entstanden die Spermogonien der Uredinaceen. Die grosse Conidienform aber schritt weiter vor zur Bildung des in Form und Conidienzahl bestimmten Conidienträgers, den wir Basidie nennen, und danach weiter zur Fruchtkörperbildung. Die nahen Beziehungen der conidienbildenden Fäden zu den Basidien wurden in den reinen Kulturen der Pilacrella eingehend studirt. Die Uebereinstimmung in der Entstehungsweise und in der Formausbildung der Conidien und der Basidiensporen kann Niemandem entgehen. Man betrachte aber ferner Bildungen, wie bei Fig. 28, wo ein Mycelseitenzweig in zwei Zellen zerfällt, von denen jede eine Conidie erzeugt, oder die andere, Fig. 29, wo ein Faden in Zellen von noch ungleicher Länge getheilt ist, aus deren jeder oben eine Conidie, unten ein conidienerzeugender Seitenzweig entspringt, man vergleiche diese und die anderen Figuren mit den fertigen Basidien der Fig. 29, 30 und 20, und man wird die Entstehungsgeschichte der Auriculariaceenbasidie in aller Deutlichkeit vor dem geistigen Auge vorüberziehen sehen. Auch unter den Basidien eines reifen Fruchtkörpers wird man bei sorgfältigem Nachsuchen, freilich nur selten, unregelmässige Bildungen antreffen (Fig. 20 links), welche als Rückschlag auf die Conidienbildung allein, dann aber sehr natürlich zu erklären sind. In Fig. 30 ist eine unter Flüssigkeit am Faden frei gebildete Basidie dargestellt; vergleicht man sie mit den aus dem Fruchtkörper entnommenen (Fig. 20), so wird man finden, dass sie noch kaum andeutungsweise die bei den anderen so charakteristische Krümmung im oberen Drittel zeigt. Und diesen Unterschied konnte ich stets wahrnehmen. Die ersten, ganz freigebildeten Basidien sind gerade, die Krümmung tritt erst auf, wenn die Anfänge der Fruchtkörperbildung bemerkt werden, und die Bildung der Sporen geschieht stets an der concaven Seite der Basidie.

Nachdem Pilacrella delectans uns so werthvolle Aufschlüsse durch ihre leicht auszuführende Kultur ergeben hat, wird es zu einem dringenden Bedürfnisse, auch die wahrscheinlich wohl nahe verwandte europäische Form Pilacrella Solani Cohn et Schröter erneuter Untersuchung mit den Hülfsmitteln der künstlichen Kultur zu unterziehen.

b. Pilacre in der Charakterisirung von Brefeld.

Pilacre Petersii ist durch Brefelds Untersuchung im VII. Bande seines Werkes zu einem der am genauesten bekannten unter allen Pilzen geworden. Er diente als erstes glänzendes Beweisobjekt für die nachher zu immer grösserer Klarheit und Schärfe ausgebildete Anschauung, welche in der Basidie den zu bestimmter Form und Sporenzahl vorgeschrittenen Conidienträger erblickt. Bei dem hohen Interesse, welches die Entwickelungsgeschichte dieses Pilzes beansprucht, war es mir sehr erwünscht, auch in Brasilien einen Pilacre anzutreffen und vergleichend untersuchen zu können. Ich war noch kaum fünf Wochen im Lande, da fand ich an trockenen, am Boden liegenden masrigen Aststücken von sehr hartem Holze im Oktober 1890 reife Fruchtkörper, in denen ich bei mikroskopischer Untersuchung sofort Pilacre erkannte. Die Fruchtkörper waren kleiner als die von Brefeld beschriebenen, und hatten kaum über 1½ mm Höhe, in ihrem Bau, zumal in der Peridie und dem Basidienlager aber konnte ich keinen Unterschied gegenüber Pilacre Petersii entdecken. Die reifen Sporen waren auch hier in der Grösse verhältnissmässig stark schwankend und im grossen Durchschnitt vielleicht um 1 μ höchstens kleiner als die der Münsterschen Form, von der ich Präparate unmittelbar vergleichen konnte. Die Keimung, welche nie vor dem zweiten Tage, und auch dann niemals allgemein erfolgte, begann mit dem Austritt eines Keimschlauchs an der nabelartig eingedrückten Ansatzstelle der Spore, ganz wie bei Pilacre Petersii, und die Kulturen verhielten sich auch weiterhin genau so, wie es Brefeld geschildert hat. Meine Kulturen blieben ganz rein und die Mycelien entwickelten sich kräftig weiter, bis kleine Mycelscheiben von über 1 cm Durchmesser auf dem Objektträger gebildet wurden, welche in ihrer ganzen Tracht mich aufs genaueste an diejenigen erinnerte, die ich selbst unter Herrn Professor Brefelds Leitung im Laboratorium zu Münster aus den Pilacre-Sporen gezogen hatte und in Präparaten aufbewahrte. Von Tag zu Tag musterte ich meine Kulturen, mit immer wachsender Spannung nach den Conidienträgern suchend, die doch nun sicher auftreten mussten. Aber sie erschienen nie. Ich habe die Kulturen jenes brasilischen Pilacre vom 20. Oktober 1890 bis zum 21. Februar 1891 gepflegt, ohne je eine Spur von den charakteristischen Conidienträgern zu finden, und in diesem negativen Ergebniss lag der einzige greifbare Unterschied der brasilischen Form gegen die Münstersche. Ich habe die Kulturen von Pilacre in Brasilien mit verschiedenem Sporenmaterial im Jahre 1891 wiederholt und auch dann niemals Conidienträger gefunden, welche an den Münsterschen Kulturen fast ganz regelmässig auftraten. Jedoch nur „fast“. Auch in Münster habe ich Pilacremycelien auf dem Objektträger erzogen, welche ausnahmsweise steril blieben, während andere, von Sporen desselben Fruchtkörpers stammend, zur Conidienbildung übergingen. Es dürfte also der negative Befund bei dem brasilischen Pilacre nicht genügen, um ihn als selbstständige Art zu charakterisiren.

Im Anfang des Juni 1891 beobachtete ich auf dem Boden des von mir bewohnten Hauses an den ganz trockenen, aus sehr hartem Holze (Cedrela sp.) geschnittenen Dachsparren truppweise weisse gestielte Köpfchen, welche sich bei mikroskopischer Untersuchung als junge Fruchtkörper desselben, schon im vorigen Jahre gefundenen Pilacre auswiesen. Es war noch keiner der Fruchtkörper reif, die Köpfchen waren reinweiss. Die Reifung ging sehr langsam vor sich. Erst im Juli ging die Farbe der Fruchtkörper in grauweiss über und Anfang August sah man die braunen, im Innern gebildeten Sporen durch die graue Peridie durchschimmern. Erst Ende August wurden wirklich reife Fruchtkörper gefunden. Die Zeit bis zur Reife war also noch länger als bei den von Brefeld in Münster beobachteten Pilzen, wo sie nur sechs Wochen betrug. Bei weiterem Suchen im Walde fand ich an der Rinde eines morschen, ganz ausgefaulten und nicht mehr bestimmbaren Baumes denselben Pilz am 21. Juli. Der Reifezustand war hier ein klein wenig weiter vorgeschritten als bei den im Hause gefundenen. Einige Fruchtkörper waren schon vollkommen reif. Dass aber auch im Freien die Entwickelung sich ungemein langsam vollzieht, konnte ich feststellen, als ich denselben Standort am 29. August wieder besuchte. Viele von den schon fünf Wochen vorher mit deutlichem grauweissen Kopfe versehenen Pilze waren auch jetzt noch nicht ganz reif.

Soweit meine Befunde einen Schluss darüber zulassen, so ist auch in Brasilien die Zeit des Auftretens des Pilacre die kalte Jahreszeit. Die Fruchtkörper werden etwa im Mai, Juni angelegt, und reifen im August, September. Auch für den deutschen Pilacre hat Brefeld festgestellt, dass er in den Wintermonaten auftritt. Die Zeitdauer der Entwickelung scheint in Südbrasilien um etwa einen Monat länger zu sein als in Deutschland.

Die Photographie Taf. I Fig. 4 giebt in natürlicher Grösse den Befund an den Dachsparren am 15. Juli 1891 wieder. Was am meisten auffällt im Vergleich mit dem Münsterschen Pilacre Petersii ist die kleinere zartere Statur der brasilischen Form. Auch sind die Köpfchen weniger kuglig, vielmehr ein wenig abgeplattet. Zu einer Abtrennung als besondere Art scheint mir aber kein genügender Grund vorhanden zu sein. Wir haben vor uns eine forma brasiliensis von Pilacre Petersii, deren geringe Abweichungen auf die Anpassung an das fremde Klima zurückzuführen sind. Ihre Reifezeit ist auf der südlichen Halbkugel um ein halbes Jahr verschoben.

Immer grösser wird mit dem Bekanntwerden der aussereuropäischen Pilzflora die Zahl der kosmopolitischen Pilze. Eine Zusammenstellung derselben, die in nicht zu ferner Zeit möglich sein dürfte, würde einen werthvollen Beitrag zur Pflanzengeographie bilden, und einer solchen Zusammenstellung auch den Pilacre Petersii zuzuführen, ist Hauptzweck dieser Mittheilung.

Noch habe ich über den von mir angenommenen Namen Pilacre Petersii eine Anmerkung zu machen. Boudier hat im Journal de botanique II No. 16 (Note sur le vrai genre Pilacre.) festgestellt, dass Fries bei der Gründung seines Genus Pilacre im Jahre 1829 unter diesem Namen Ascomyceten verstanden habe, freilich ohne Ascen gesehen zu haben, und er führt weiter aus, warum der Pilacre Petersii eigentlich Ecchyna genannt werden müsse. Was Brefeld unter Pilacre Petersii verstanden hat, ist klar und Jedermann deutlich. Durch Brefelds Untersuchung, die von weittragendster Bedeutung für die Mykologie war, hat der Pilz und der Name eine klassische Bedeutung erlangt. Die früheren Angaben sind so unbestimmt, so bedeutungslos für den gegenwärtigen Stand unserer Kenntnisse, dass ich mich nicht veranlasst fühle, von dem Namen abzuweichen, den Brefeld angewendet hat. Unter diesem Namen ist der eigenartige, wichtige Pilz zum ersten Male fest charakterisirt worden, so dass er zu jeder Zeit wiedererkannt werden kann, ohne Hülfe von doch nicht ewig dauernden Exsiccatensammlungen. Wer immer vergleichende Morphologie der Basidiomyceten studiren will, wird die nach Prioritätsregeln möglicher Weise Ecchyna zu nennende Pilzform unter dem Namen Pilacre Petersii kennen lernen. Nur der vergleichenden Morphologie der Pilze ist aber diese Arbeit gewidmet.

IV.

Sirobasidiaceen.

Sirobasidium Lagerheim et Patouillard.

Sirobasidium Brefeldianum nov. spec. wurde auf der Rinde am Boden liegender Zweige zuerst im März 1892 und weiterhin zu vielen Malen in den Wäldern der Umgegend Blumenaus angetroffen. Es bricht in Gestalt kleiner, glasig heller Tropfen aus den äussersten, dünnen, abblätternden Rindenschichten der Zweige hervor. Besonders üppige Entwickelung erzielt man, wenn man die von dem Pilze bewohnten Zweigstückchen einige Tage unter einer Glocke feucht hält. Nach mehrtägigem Austrocknen wieder angefeuchtet, erwachen die Fruchtkörper sofort zu neuem Leben. Ueber sehr bescheidene Grösse kommen die Polsterchen nicht hinaus. Sie haben höchstens 3 mm Durchmesser. Die jüngsten sind fast wasserhell, die älteren mattweiss, undurchsichtig, gallertig. Bringt man die jüngsten Zustände unter das Mikroskop, so sieht man, dass sie aus im wesentlichen sternförmig von einem Punkte ausstrahlenden verzweigten Hyphen bestehen, welche nur locker verflochten und in eine wässerige, kaum sichtbare Gallertflüssigkeit eingebettet sind. Fig. 38 Taf. VI stellt diese Hyphen dar, welche bis zu 3 μ Durchmesser haben und mit dichtem Protoplasma erfüllt sind. Im Allgemeinen nimmt die Dicke der Fäden nach den Enden zu. An jeder der zahlreich vorhandenen Scheidewände bemerkt man eine Schnallenzelle. Eine genaue Betrachtung zeigt, dass der Raum derselben stets mit der unteren Hyphenzelle in offener Verbindung steht, von der oberen dagegen durch eine Wand abgegrenzt ist. Trotz dieses allgemeinen Befundes lehrt aber die Beobachtung an den in künstlicher Kultur wachsenden Fäden, dass die Schnalle stets entsteht als eine Ausbuchtung, gewissermassen nach unten gerichtete Verzweigung der jüngsten obersten Zelle.*) Sie legt sich der unteren alsbald dicht an und tritt mit ihr in offene Verbindung, während sie von der Ursprungszelle sehr bald durch eine Scheidewand abgegrenzt wird. Diese Wandbildung vollzieht sich so schnell, und gerade zu der Zeit, wo das Protoplasma am undurchsichtigsten ist, dass man leicht zu der falschen Auffassung kommen könnte, es sei die Schnalle eine von der unteren Zelle ausgehende, der oberen sich enge anschmiegende Verzweigung. — Thatsächlich wird im weiteren Verlaufe nicht selten die Schnalle zum Ausgangspunkt eines sich weiter entwickelnden Seitenzweiges.

Das Spitzenwachsthum der geschilderten Hyphen hört sehr bald auf, und man sieht nun (Fig. 38 und 18 rechts), dass die letzten Zellen eines jeden Fadens zu länglich eiförmiger Gestalt aufschwellen. In ihrem dichten Protoplasmainhalte wird alsbald eine grosse Vakuole sichtbar, die sich unmittelbar in zwei solche theilt (s. d. Abbildungen). Sobald die beiden Vakuolen deutlich sind, bemerkt man die Anlage einer anfangs sehr dünnen, bald erstarkenden Scheidewand, welche, von seltenen Ausnahmen abgesehen, stets schräg quer durch die eiförmige Zelle verläuft. Kaum ist die Scheidewand aufgetreten, so sprosst hefeartig, d. h. ohne Sterigma, aus jeder der Theilzellen eine Spore hervor, welche wiederum länglich ovale Gestalt annimmt und beim allmählichen Heranwachsen den ge-

*) Ganz ebenso ist die Schnallenbildung für Coprinus von Brefeld Bd. III Taf. I dargestellt. Ebenso auch entstehen die Schnallen bei Dictyophora s. Bd. VII dieser Mittheilungen S. 128.

sammten Inhalt der Mutterzelle in sich aufnimmt. In der Regel tritt die obere Spore nahe der Spitze der Basidie hervor, die untere dicht unter der Scheidewand. Seltene Ausnahmen von dieser Regel finden sich. Wir bezeichnen die angeschwollene oberste Fadenzelle, wie eben geschehen, als Basidie, denn sie ist fest bestimmt in ihrer Zweitheilung durch eine Wand und in der Zweizahl der Sporen, welche sie hervorbringt.

Noch ehe aber die Sporenbildung an der obersten zur Basidie gewordenen Fadenzelle beendet ist, hat bereits die nächstuntere begonnen, in derselben Weise wie jene anzuschwellen (Fig. 48). Sie theilt sich durch dieselbe schräge Wand und lässt zwei Sporen hervorsprossen, mit deren Bildung ihr Inhalt erschöpft wird.

Während die Sporen der zweiten Basidie reifen, werden die der ersten abgeworfen, die entleerte Hülle der ersten Basidie fällt faltig zusammen und bleibt auf der zweiten Basidie sitzen.

Der eben beschriebene Vorgang setzt sich nun nach unten zu an den Fäden weiter fort in der durch die Fig. 48 näher erläuterten Weise. Fast niemals sind mehr als zwei auf einander folgende Basidien gleichzeitig in Theilung und Sporenbildung begriffen. Die entleerten Häute bleiben eine über der anderen sitzen, werden aber mit der Zeit immer durchsichtiger und undeutlicher. Bei Fig. 48 links sehen wir deren fünf auf der noch nicht zur Sporenbildung vorgeschrittenen letzten Basidie. Beobachtet wurden Reihen von über ein Dutzend entleerter Basidien.

Sehr eigenartig verhalten sich die, wie schon erwähnt, hefenartig aussprossenden Sporen. Sie nehmen eine länglich eiförmige Gestalt an (Fig. 49b) und erreichen 22–24 μ Länge bei 7–8 μ grösster Breite. Wenn man einen reifen Fruchtkörper durch Schnitte zerlegt oder durch Zerzupfen mit einer Nadel für die mikroskopische Betrachtung herrichtet, so sieht man, dass die Sporen sehr leicht von der Basidie abfallen. Man findet nur wenige ihrer Ursprungsstelle ansitzend und die grosse Mehrzahl in dem Präparate frei umherliegend. Alle aber haben dieselbe

Gestalt (Fig. 19 b). Aufs höchste erstaunt war ich nun, als ich, um für die künstliche Kultur Aussaaten zu gewinnen, die Fruchtkörper in feuchter Kammer über dem mit einem Tropfen Nährlösung beschickten Objektträger auslegte und nach wenigen Stunden die Sporen betrachtete, welche, abgeschleudert, nun in dem Nährlösungstropfen frei umherlagen. Hier fand ich nämlich nur kugelrunde Sporen (Fig. 19 a) von 12—24 μ Durchmesser, keine einzige längliche war dabei, und ich glaubte nicht anders, als dass mein Sirobasidium keine Sporen abgeworfen hätte, und dass ein fremder, vorher nicht beachteter Pilz mit ihm zusammen auf dem ausgelegten Rindenstückchen angesiedelt sei, und sich durch seine kugligen Sporen nun bemerkbar mache. Ich strich nun mit einer Nadel über den Sirobasidiumfruchtkörper hin und nahm dabei eine Menge Sporen ab, die ich in Nährlösung übertrug, und siehe da, sie hatten alle die ursprünglich beobachtete längliche Form, nur nach langem Suchen fand ich einige wenige von kugliger Gestalt darunter. Die auf diese Weise hergestellten Kulturen sind aber wegen der dabei unvermeidlichen Verunreinigungen durch Bakterien nicht brauchbar. Ich sammelte von anderen Standorten neues Material und legte die Pilze wiederum zum Sporenwerfen aus, und wiederum gewann ich so stets kugelrunde Sporen in dem auffangenden Tropfen, während ich bei Betrachtung der abwerfenden Fruchtkörper nur längliche entdecken konnte. Erst in der Länge der Zeit bei zahlreich wiederholten Versuchen klärte sich die anfangs unverständliche Thatsache auf. Die ovalen Sporen des Sirobasidium werden, wenn sie reif sind, also wahrscheinlich wenn sie den Inhalt der Mutterzelle vollständig in sich aufgenommen haben, abgeschleudert, und gehen, während sie durch die Luft fliegen, von der länglichen zur kugelrunden Gestalt über. So lange die Sporen noch nicht reif sind, können sie durch äussere Einflüsse sehr leicht von ihrer Ansatzstelle getrennt werden. Zu dieser Zeit hat aber ihr Inhalt noch nicht die strotzende Fülle, und die mechanische Einrichtung der Membran ist noch nicht derartig, dass die Aufblähung zur Kugel eintritt. Die abgenommenen Sporen sind also länglich, die abgeschleuderten kuglig. Nur die kugligen Sporen keimen, und zwar sofort, niemals die länglichen. Bringt man die letzteren in Nährlösung, so kann man beobachten, dass im Lauf von 2 bis 3 Tagen sie sich ganz allmählich zur kugligen Form umgestalten, und dann tritt auch bei ihnen die Keimung ein.

Für die Keimung ist die Figur 49 bezeichnend. Sie zeigt verschiedene Formen. Häufig sprossen aus der Spore unmittelbar Hefeconidien, welche ihrerseits wieder hefeartig weiter sprossen; es können mehrere solcher Conidien gleichzeitig aus einer Spore keimen. Andere Sporen treiben einen Keimschlauch, in den sich ihr Inhalt allmählich entleert. Endlich können beide Keimungsarten zugleich an derselben Spore auftreten. Der am häufigsten beobachtete Fall ist in Fig. 45 dargestellt. Hier tritt allmählich der gesammte Protoplasmakörper in das vordere wachsende Ende des einen Keimschlauchs, die rückwärts liegenden entleerten Theile werden nach und nach durch Scheidewände abgegrenzt. Nachdem eine gewisse, meist nicht bedeutende Länge erreicht ist, so findet man an der Spitze des Keimschlauchs erst einen Seitenzweig, dann bald mehrere, welche sich büschelartig ausstrahlend weiter verzweigen und ein Mycelflöckchen hervorbringen, welches seinen gemeinsamen Ausgangspunkt eben an der Spitze jenes Fadens hat, und auf diesem mit der entleerten Spore verbundenen, gleichwie auf einem Stiele sitzt (Fig. 39). Das Wachsthum des Flöckchens geht nur langsam vor sich, denn alle Mycelspitzen gehen nun zur Erzeugung von Hefeconidien über (Fig. 39 und 45) und erschöpfen in diesen Bildungen einen guten Theil ihrer Kraft. Um die Fig. 39 zeichnen zu können, musste das Objekt mit einem Deckglase bedeckt werden, und hierbei ist die Mehrzahl der Conidien abgefallen.

Die soweit vorgeschrittenen Bildungen wurden täglich mit einer ausgeglühten Platinnadel in einen neuen Tropfen Nährlösung übertragen. Sie waren immer von einem grauen Hofe von Hefezellen umgeben, da die leicht abfallenden Conidien sofort hefeartig weiter sprossten (Fig. 40 und 42). An den Myceltäden traten nun dieselben Schnallenbildungen auf, welche wir an den in der Natur gefundenen Fruchtkörpern schon kennen lernten. Acht Tage nach der Aussaat zeigte die erste der Kulturen an den Spitzen einiger Mycelfäden die Anschwellung der Endzelle, welche alsbald zur Basidienbildung führte. In dem Maasse, wie die Basidienbildung zunahm, wurde die Conidienbildung schwächer und hörte schliesslich ganz auf.

Die ersten Basidien bildeten sich an untergetauchten Fäden, und es ward bald deutlich, dass ihre Bildung noch nicht eine in allen Theilen so fest bestimmte war, wie wir sie an fertigen Fruchtkörpern (z. B. Fig. 41 und 48) angetroffen haben, wo jede Basidie ziemlich genau der anderen glich. Hier in den künstlichen Kulturen kamen zunächst eine Fülle von Bildungsabweichungen zur Beobachtung, die morphologisch vom höchsten Interesse sind. Einige davon sind in Fig. 44—46 wiedergegeben. An scheinbar ganz beliebig unter vielen gleichen herausgegriffenen Fäden tritt die Basidienbildung hier auf. Nur erst selten findet man eine grössere Anzahl in regelmässiger Ausbildung hinter einander gereiht, wie es später doch zur Regel wird. Es kamen Fälle vor, wo wie bei Fig. 45 zwischen zwei Basidien ein Fadenstück als solches dauernd erhalten bleibt. In solchem Falle gewinnt die untere Basidie eine ausserordentliche Aehnlichkeit mit einer Chlamydospore. Die Lage der schrägen Scheidewand ist noch weniger scharf bestimmt. Bei Fig. 44 links sehen wir sie fast senkrecht gestellt, so dass die zwei Sporen an der Spitze der Basidie neben einander erscheinen.

Nicht eben selten beobachtete ich an untergetauchten Basidien, dass während die eine Theilzelle in regelrechter Weise eine Spore erzeugte, die andere zum Faden auswuchs, der an seiner Spitze einer Conidie den Ursprung gab (s. Fig. 46). Im grossen Ganzen gewinnt man in solchen Kulturen den Eindruck, dass zunächst die Basidien noch frei an beliebigen Stellen der Fäden, unbeeinflusst durch den Drang zur Fruchtkörperbildung entstehen. Wir sehen hier für kurze Zeit einen Zustand wieder in die Wirklichkeit versetzt, der den Endpunkt der Entwickelung des Sirobasidium bezeichnet hat zu einer Zeit, als die Fruchtkörperbildung auch in der bescheidenen Andeutung, wie sie jetzt vorliegt, noch nicht eingetreten war. Und wie uns diese frei entstehenden Basidien in die Entstehungsgeschichte der Fruchtkörper einen Einblick gewähren, so zeigen sie uns auch die Basidie selbst noch in einer früheren weniger bestimmten Formausbildung. Allmählich jedoch beginnen nun an den älteren Kulturen, während die Conidienbildung ganz verschwindet, von dem kleinen Mycelflöckchen aus nach allen Seiten, auch in die Luft, strahlenartig geordnete Fäden dicht neben einander auszutreiben. Die in die Luft ragenden sondern helle Flüssigkeitströpfchen ab, welche zusammenfliessen und den Schleim darstellen, welcher die reifen Fruchtkörper des Pilzes auszeichnet. Alle jene Fäden beginnen nun von der Spitze her in Reihen von regelmässigen zweisporigen Basidien in der oben beschriebenen Weise sich umzubilden. In der Zeit von 14 Tagen erzog ich auf dem Objektträger Fruchtkörper, welche von den in der Natur gefundenen in nichts, nicht einmal in der Grösse mehr verschieden waren, und für die das Bild der Fig. 41 in gleicher Weise zutreffend erscheint.

Es bleibt uns noch übrig, auf das weitere Verhalten der Conidien einen Blick zu werfen. Ihre hefeartige Aussprossung ist schon oben erwähnt. Sie bietet der Beobachtung keinerlei Schwierigkeiten. Die normale Form der Hefen ist rundlich bei einem Durchmesser von 6—8 μ. Grössere etwas angeschwollene Conidien können kleinen Sporen recht ähnlich sehen. Grössere Sprossverbände als der in Fig. 42 dargestellte, kommen nicht zu Stande, da die Conidien sehr leicht von einander fallen. Beim Bedecken einer Kultur mit dem Deckglase werden alle Verbände gelöst, und man findet dann nur noch Zustände, wie in Fig. 40. Die Neigung zur Hefesprossung ist nicht so stark ausgebildet, wie z. B. bei manchen Tremella-Arten, wo man die Hefen nie wieder zur Fadenauskeimung übergehen sieht. Stets findet man vielmehr einzelne Conidien auch mit Fäden keimend (Fig. 40), und es ist wohl nicht zweifelhaft, dass auch solche Fäden wieder zu neuen Fruchtkörpern heranwachsen können.

Es ist auf den ersten Blick einleuchtend, dass wir an dem eben beschriebenen Sirobasidium einen neuen, vom vergleichend morphologischen Gesichtspunkte aus sehr bemerkenswerthen Typus der Protobasidie vor uns haben. Während die äussere Form der Tremellabasidie sich nähert, so weist die eine, zwar nicht genau wagerecht, aber doch schräg stehende Wand auf die Verwandtschaft mit der Auriculariaform hin. Die Abstammung auch dieser Basidie von dem conidientragenden Faden ist noch unverkennbar. Wie die Conidien an den Fäden ohne Sterigma, gewöhnlich dicht unter der nächstoberen Scheidewand oder an der Spitze aussprossen, genau so thun es auch die Basidiensporen. Die conidienerzeugenden Fäden sind von unbestimmter Länge und bringen eine unbestimmte Zahl von Conidien hervor, während die Basidien sich darstellen als Fadenstücke von bestimmter Länge, welche anschwellen zu bestimmter Form und stets zwei Sporen erzeugen. Eine leichte Verschiebung ist indessen doch eingetreten, indem die Sporen grösser sind als die Conidien, und bei der übrigens in allen Punkten gleichen Keimungsart die Fadenauskeimung vor der Hefesprossung betonen, während umgekehrt die letztere bei der Keimung der Conidien bevorzugt ist.

Als ich diesen interessanten Pilz im Jahre 1892 zuerst fand, und kultivirte, da ahnte ich nicht, dass etwa gleichzeitig im Norden Südamerikas, in Ecuador im Krater des Pululahua Herr von Lagerheim zwei der südbrasilischen nächstverwandte Formen entdeckte und untersuchte, welche zu meinem Funde die denkbar glücklichste Ergänzung bilden und vergleichend mit ihm betrachtet, für die Systematik der Protobasidiomyceten von nicht zu unterschätzender Bedeutung werden. Die beiden Pilze aus Ecuador sind unter dem Namen Sirobasidium albidum und sanguineum bereits im Jahre 1892 von v. Lagerheim und Patouillard im Journal de botanique Nr. 24 beschrieben und abgebildet worden. Ihre nahe Verwandtschaft mit dem S. Brefeldianum bekunden sie durch ganz gleich gebaute Fruchtkörper und durch die hier wie dort in Ketten hinter einander angeordneten Basidien. Leider sind die Pilze aus Ecuador nicht entwickelungsgeschichtlich untersucht worden, so dass wir über die Keimung ihrer Sporen und die muthmasslich auch dort vorhandene Nebenfruchtform der Hefeconidien nichts wissen. Der Besitz der Schnallen ist allen drei Arten der Gattung gemeinsam. Während aber S. Brefeldianum stets nur eine schrägstehende Theilwand in seinen Basidien aufweist, so finden wir bei den beiden von v. Lagerheim gesammelten Arten unzweifelhafte, über Kreuz getheilte Tremellabasidien. Wie wir die Auriculariabasidie aus dem conidientragenden Faden entstanden zu denken haben, hat uns Pilacrella delectans handgreiflich gezeigt. Wie die Tremellabasidie entstand, sehen wir an den verschiedenen Arten von Sirobasidium. Es ist kein Zweifel, dass die beiden Arten aus Ecuador durch Hinzukommen einer weiteren Theilungswand über Sirobasidium Brefeldianum um einen Schritt hinausgehen. Jede der ursprünglich vorhandenen zwei Basidientheilzellen wird abermals getheilt. Geschähe dieser Vorgang durch Wände, welche der ursprünglichen Wand parallel sind, so würden wir aus S. Brefeldianum eine Auriculariacee hervorgehen sehen; hier aber stossen die beiden neuen Theilwände in der Mitte der alten zusammen und bilden die Tremellabasidie. Keine andere Form ist so geeignet, uns den nahen Zusammenhang der beiden Protobasidientypen so deutlich zu machen, wie Sirobasidium. Dass wahrscheinlich alle Tremellabasidien in ähnlicher Weise entstanden zu denken sind, wird dadurch wahrscheinlich, dass sich bei so vielen Tremellaceen gelegentlich, als Ausnahmen (Rückschläge), im Hymenium Basidien finden, welche nur eine Scheidewand besitzen und den Basidien unseres S. Brefeldianum durchaus gleichen (vergl. z. B. Taf. IV Fig. 6, Fig. 10, Fig. 12 und Taf. V Fig. 34 und 37). Wie der oben theoretisch erläuterte Fall, dass nämlich die neuen zweiten Theilwände sich mit der erstangelegten nicht kreuzen, und dadurch eine an Auricularia erinnernde Basidie hervorbringen, in Wirklichkeit vorkommen kann, dafür ist die merkwürdige, bei Tremella compacta als Ausnahme gefundene, in Fig. 12 rechts abgebildete Basidie ein sprechendes Zeugniss.

Die Sirobasidiaceen sind die Vorläufer der Tremellaceen, zu denen sie ihre nahe Beziehung auch durch den Besitz der dort so reichlich vorhandenen Hefeconidien bekunden. Die Befunde bei Sirobasidium zeigen deutlich, dass zwischen der Auricularia- und der Tremellabasidie kein principieller Unterschied besteht, kein Abstand so gross, wie der zwischen Proto- und Autobasidie ist. Sie zeigen, dass es nicht räthlich ist, durch Einführung von Namen, wie Schizo- und Phragmobasidien, eine scharfe Theilung zwischen den verschiedenen Typen vorzunehmen.

Dass beim Fortschreiten der Formen zu einer echten Fruchtkörperbildung, einer solchen, wie sie z. B. bei den Tremellinen vorliegt, die Anordnung der Basidien in Ketten aufhören muss, ist leicht begreiflich. Nur die oberste Zelle eines Fadens, welche mit der Luft in Berührung ist, behält die Möglichkeit, zur Basidie zu werden. Von den unteren, in dem Fruchtkörper eingebetteten aus würden die Sporen nicht frei werden können. Bei Sirobasidium ist die Fruchtkörperbildung nur erst in den allerersten Anfängen. Die Fäden liegen noch frei neben einander, berühren sich nicht unmittelbar, und die zwischen ihnen gebildete fast wässerige flüssige Gallerte ist eher förderlich als hemmend für die Verbreitung auch der an den rückwärts liegenden Basidien gebildeten Sporen.

V.

Tremellaceen.

1. Stypelleen.

Stypella nov. gen.

Indem ich für die hier zu besprechenden Tremellaceen den Gattungsnamen Stypella wählte, so wollte ich darauf hinweisen, dass sie unter den Tremellaceen genau den Stypinelleen unter den Auricularieen entsprechen. Es sind Formen mit Tremellabasidien, bei denen ein Hymenium noch nicht vorhanden ist, die Basidien noch in unregelmässiger Anordnung an dem Fadengeflecht auftreten. Sie stehen in genauester Parallele auch zu den Tomentelleen, der Familie, welche durch freie, nicht zu Hymenien verbundene Autobasidien gekennzeichnet wird. Sie erfüllen in hervorragender Weise die Voraussetzungen Brefelds, der schon 1887 (Bd. VII S. 24) es auf Grund seiner umfassenden Untersuchungen über die damals bekannten Protobasidiomycetenformen als höchst wahrscheinlich bezeichnete, dass derartige Formen würden gefunden werden.

Stypella papillata nov. spec. ist ein äusserst unscheinbarer Pilz, den ich zweimal, im August 1891 und im August 1892, nach nassem Wetter an ganz vermoderten, am Boden liegenden Holzresten im Walde bei Blumenau gefunden habe. Er bildet kleine, unregelmässig umschriebene, kaum $^1/_2$ mm starke Ueberzüge, die sich in den beobachteten Fällen, nach keiner Richtung in grösserer Erstreckung als $1^1/_2$ cm ausdehnten, meist jedoch dies Maass längst nicht erreichten. In nassem Wetter haben diese Ueberzüge mattglasiges Aussehen, unter guter Lupenvergrösserung erscheinen sie rauh von winzigen, unregelmässig verstreuten papillösen Erhebungen, beim Eintrocknen verschwindet der unscheinbare Pilz für das blosse Auge vollständig. Bei mikroskopischer Betrachtung finden wir ihn zusammengesetzt aus sehr feinen, locker und unregelmässig verflochtenen Hyphen. Es ist wohl anzunehmen, dass diese in eine ausserordentlich dünne wasserhelle Gallerte eingebettet sind, der dann das mattglasige Aussehen in feuchtem Zustande zu verdanken sein würde. Nachzuweisen ist eine solche Gallerte indessen nicht. Die Untersuchung lehrt uns ferner, dass die papillösen Hervorragungen zu verdanken sind eigenthümlichen langen schlauchartigen Zellen, welche, mit den gewöhnlichen dünnen Hyphen am Grunde zusammenhängend, das Fadengewirr durchziehen und über dasselbe hinausreichen (Taf. IV Fig. 6). Diese schlauchartigen, von dichtem Protoplasmainhalt erfüllten scheidewandlosen Zellen sind von ungleicher, bis zu 200 μ ansteigender Länge und haben bis zu 10 μ Durchmesser, sie verlaufen nicht gerade, sondern wellig geschlängelt, ausnahmsweise wurden auch einfach verzweigte angetroffen. An den Enden der dünnen Fäden sitzen in unregelmässiger Vertheilung bald höher, bald tiefer, die nach Tremellinenart über Kreuz getheilten rundlichen Basidien. Sie haben 9 μ Durchmesser. Die Sterigmen, welche je eines aus jeder Theilzelle hervorgehen, wechseln in der Länge nicht bedeutend, sie sind ebenfalls im Durchschnitt 9 μ lang. Sie tragen an einem seitlich in der bekannten Art verschobenen Spitzchen (Fig. 6) die rundlichen Sporen von 4 μ Durchmesser. Sekundärsporen findet man häufig an abgefallenen, auf dem Fadengeflechte des Pilzes haften gebliebenen Sporen.

Unsere Stypella ist ein gutes Beispiel für den oben (s. S. 32—34) auseinandergesetzten Unterschied zwischen der von Patouillard als germinatio bezeichneten Sekundärsporenbildung und wirklicher Keimung. Während erstere sehr häufig und leicht zu beobachten war, gelang es mir trotz mehrfacher Versuche niemals, die wirkliche Keimung der bald in Wasser, bald in Nährlösungen aufgefangenen Sporen zu beobachten.

Unter den zumeist kreuzweise getheilten Basidien fanden sich bei dieser Form verhältnissmässig häufig solche, welche nur eine Scheidewand besassen und nur zwei Sterigmen demnächst hervorbrachten, also eine vollkommene Uebereinstimmung mit den bei Sirobasidium Brefeldianum allgemein vorkommenden aufweisen (Fig. 6).

Stypella minor, nov. spec. wurde an gleicher Unterlage und unter gleichen Verhältnissen wie die vorige Form im August 1891 gefunden. Sie stellt nur einen winzigen grauen Flaum dar, bei starker Lupenvergrösserung bemerkt man auch hier sehr schwache papillöse Erhebungen an der Oberfläche. Die Dicke dieses zarten Gebildes ist kaum bestimmbar, die äussere Umgrenzung ganz unregelmässig. Das Ganze ist aus sehr feinen, locker verwirrten Fäden gebildet, zwischen denen bündelartig angeordnet dickere bis höchstens 3 μ starke Fäden verlaufen. Diese Bündel ragen über die Oberfläche des Mycelgewirres in der Weise hervor, wie es die Zeichnung (Taf. IV Fig. 7) andeutet. Die Basidien, welche an den dünnen Fäden in durchaus unregelmässiger Anordnung entstehen, sind aussergewöhnlich klein; sie haben nur 4—5 μ Durchmesser und sind über Kreuz getheilt. Die Sterigmen sind meist gleich lang, im Durchschnitt 7 μ, die Sporen oval, 6 μ lang, 3 μ breit. Sie sitzen an den Sterigmen mit dem seitlichen Spitzchen, welches fast allen genau untersuchten Tremellaceen eigenthümlich ist. Ich fing die Sporen in Wasser und Nährlösung auf, beobachtete aber auch hier keine Keimung. Jedoch machte ich bei Gelegenheit dieser Keimungsversuche eine Beobachtung, welche der Mittheilung werth erscheint. Ich hatte das kleine, die Stypella tragende Holzstückchen in gewohnter Weise umgekehrt in der feuchten Kammer etwa 1 cm hoch über einem mit Nährlösung beschickten Objektträger ausgelegt. Als ich die aufgefangenen Sporen durchmusterte, fielen mir unter den gleichmässig geformten, höchstens 6 μ langen Sporen der Stypella andere auf, welche von demselben Substrate abgeschleudert waren und bei ganz ähnlicher Form durchweg 9 μ Länge besassen. Im weiteren Verlaufe der Kulturen stellte sich heraus, dass diese grösseren Sporen erheblich bis auf das $1\frac{1}{2}$fache ihres ursprünglichen Durchmessers anschwollen und hie und da sogar mit einem dicken Keimschlauche keimten, während die kleineren Sporen alle unverändert blieben. Es war klar, dass neben der Stypella noch ein zweiter Pilz auf meinem Holzstückchen vorhanden war, der ebenfalls Sporen geworfen hatte. Da ich mit der Lupe einen solchen indess nicht zu entdecken vermochte, so untersuchte ich mikroskopisch alle die kleinen unregelmässig begrenzten grauen Ueberzüge, welche ich zunächst für gleichartig gehalten hatte. Da stellte sich denn heraus, dass einige von ihnen von einem Autobasidiomyceten gebildet waren, der unserer Stypella mikroskopisch und auch bei der Betrachtung mit der Lupe vollkommen glich. Er war wie diese aus wirren, aber durchweg etwas stärkeren Fäden gebildet, die Basidien standen auch hier an den Enden der Fäden in unregelmässiger Vertheilung, nicht zu einem Hymenium zusammengeschlossen; sie hatten ebenfalls nur etwa 4 μ Durchmesser, aber sie waren durchweg ungetheilt. Jede Basidie trug vier Sterigmen von etwa derselben Länge wie bei Stypella minor, aber die auf den Spitzen dieser Sterigmen sitzenden Sporen waren um 3 μ länger als bei dem Protobasidiomyceten, und bekundeten auch durch ihr abweichendes Verhalten in Nährlösung die Abstammung von einem anderen Pilze. Hier lag also eine in die Verwandtschaft der Tomentelleen gehörige Form vor, welche in ihrem Bau und in ihrer äusseren Erscheinung mit der Stypella in geradezu überraschender Weise übereinstimmte. Sie unterschied sich nur mikroskopisch durch etwas dickere Hyphen, durch das Fehlen der bündelweise auftretenden Schlauchzellen, durch die ungetheilten Basidien und die etwas grösseren Sporen. Soll man wohl annehmen, dass derartige Tomentelleen aus Protobasidiomyceten entstanden sind durch Verlust der Scheidewände in den Basidien? Ein Fund, wie der eben geschilderte legt die Frage nahe genug. Sie muss indessen auf Grund unserer derzeitigen Kenntnisse verneint werden. Die Trennung der getheilten und ungetheilten Basidien ist eine grundsätzliche. Noch keine Form ist bekannt geworden, bei der — sorgsame Prüfung der zarten und kleinen Objekte vorausgesetzt — beiderlei Basidien zusammen gefunden worden wären. So wie Hypochnus in manchen Formen der Stypella ähnelt, so ähnelt Exidiopsis manchen Corticien (aber auch dem Ascocorticium unter den Ascomyceten), so ähnelt Tremellodon und Protohydnum manchen Hydneen, so Protomerulius dem echten Merulius. Es liegt kein Grund vor, zwischen diesen je sich entsprechenden Formen einen engen Verwandtschaftszusammenhang anzunehmen. Vielmehr ist der richtige Schluss aus den angeführten Thatsachen der, dass Protobasidien und Autobasidien getrennt waren, ehe die Pilze zur Fruchtkörperbildung vorschritten, dass jede dieser Formen für sich zur Hymenien- und weiter zur Fruchtkörperbildung gesteigert wurde. Gleiche Bildungsgesetze wirkten auf beide ein, das Baumaterial der Fruchtkörper, die einfachen Hyphen waren bei beiden dieselben; so kommen äusserlich gleiche oder ähnliche, dennoch nicht unmittelbar blutsverwandte Formen zu Stande.

2. Exidiopsideen.

a. Heterochaete Patouillard.

Die Gattung Heterochaete ist im Jahre 1892 von Patouillard (Champ. de l'Équateur pugillus II. Soc. Myc. de France Tome VIII.)

begründet worden. Es wurden damals zwei Arten aufgestellt, denen sich in der dritten Aufzählung der Champignons de l'Équateur (1893) sechs weitere anschlossen. Die Patouillardsche Diagnose der Gattung lautete: „Fungi heterobasidiosporei, effusi, membranaceo-floccosi vel coriaceo-gelatinosi, undique setulosi; setulis parenchymaticis, sterilibus. Basidia globoso-ovoidea, cruciatim partita apice sterigmata bina vel quaterna gerentia. Sporae continuae, hyalinae, rectae vel curvulae, germinatione promycelium emittentes, in conidium unicum apice productum."

Nach dem schon früher Gesagten (vergl. Seite 32—34) können wir die letzten Worte über die sogenannte germinatio zunächst als völlig belanglos bei Seite lassen. Wir sehen dann, dass wir es hier mit Tremellaceen zu thun haben, welche einfache, dem Substrate anliegende Ueberzüge darstellen und durch Borsten ausgezeichnet sind, die sich auf dem Hymenium erheben. Sie stehen, was die Höhe ihrer Fruchtkörperbildung betrifft, zu den Stypelleen in genau demselben Verhältniss, wie die Platygloeen zu den Stypinelleen. Es ist der Anfang einer Fruchtkörperbildung durch Zusammentritt der Basidien zu geschlossenen, vorerst glatten Lagern angedeutet.

Nach sorgsamer Durchsicht aller von Patouillard gegebenen Beschreibungen seiner neuen Heterochaete-Arten kann ich nicht zweifeln, dass der von mir gefundene, in Fig. 8 Taf. IV dargestellte Pilz den dort beschriebenen aufs nächste verwandt ist. Jedoch die Angabe, dass die „setulae" parenchymatisch sein sollen, bleibt mir unverständlich. Die setulae sind nichts als die bei vielen Exidia-Arten seit langer Zeit bekannten „Papillen" des Hymeniums, Bündel enge zusammenschliessender Hyphen, welche in verschiedener, für die einzelnen Arten charakteristischer Form auftreten, und die im besonderen Falle bei Heterochaete durch sehr engen Zusammenschluss der einzelnen Fäden vielleicht bei flüchtiger Betrachtung an Pseudoparenchym erinnern, in Wirklichkeit aber nicht einmal dieses, geschweige denn ein wirkliches

Parenchym darstellen. Derartige Bildungen nun kommen in der Gattung Exidia auf dem Hymenium häufig vor, und Brefeld hat mit Recht hervorgehoben, dass sie als Gattungsmerkmal von sehr untergeordneter Bedeutung sind. Dem Habitus nach und auch nach der Form der Basidien und Sporen würde Heterochaete sich der von Olsen als Untergattung von Exidia begründeten Exidiopsis anschliessen, welche durch ein corticiumähnliches Auftreten gekennzeichnet ist. Ich werde weiterhin ausführen, dass es zweckmässig scheint, diese Untergattung Exidiopsis, welche in den Tropen viele Vertreter zu haben scheint, zur selbstständigen Gattung zu erheben, nach der weiterhin die Gruppe der Exidiopsideen, mit der wir es zu thun haben, benannt wurde.

Es liegt nun ein wesentlicher Charakter von Exidia sowohl als von Exidiopsis in dem Besitz jener eigenthümlichen, häkchenförmig gekrümmten Conidien, deren regelmässiges Vorkommen bei allen genau untersuchten Arten von Brefeld nachgewiesen worden ist. Alle Patouillardschen Heterochaete-Arten würden ohne weiteres zu Exidiopsis zu zählen sein, sobald es gelänge, sie zu kultiviren, also ihre wirkliche germinatio, nicht die von Patouillard als solche bezeichnete Sekundärsporenbildung zu beobachten und das etwaige, ja mit einiger Wahrscheinlichkeit zu erwartende Vorkommen der Häkchenconidien festzustellen. Dies ist bis jetzt nicht geschehen. Auch die von mir gefundene Heterochaete war zur Keimung nicht zu bringen.

Allein aus dem angegebenen Grunde erscheint es mir zweckmässig, die Gattung Heterochaete vorläufig beizubehalten und in ihr diejenigen exidiopsisartigen Tremellaceen zusammenzustellen, über deren wahrscheinlich vorhandene Nebenfruchtformen wir noch nichts wissen und die nebenbei durch die allerdings auffallend kräftig ausgebildeten Borsten auf dem Hymenium ausgezeichnet sind.

Heterochaete Sae Catharinae nov. spec. wurde auf abgestorbener Rinde zwischen Lebermoosen angetroffen. Sie bildet dort wenige Millimeter im Durchmesser haltende, ganz unregelmässig umschriebene, reinweisse, kaum 1 mm starke Polsterchen, welche, von kleinen Stacheln dicht besetzt, unter der Lupe den Anblick eines winzigen resupinaten Hydnum gewähren. Alle die einzelnen, zahlreich über die Fläche verstreuten Polsterchen hängen durch einen feinen Hyphenfilz mit einander zusammen, welcher hauchartig dünn das Substrat überzieht. Das Hymenium bedeckt die ganze Oberfläche der Polster, lässt aber die Stacheln frei (Taf. IV Fig. 8). Diese letzteren erheben sich aus dem Hymenium bis zu 150 μ Höhe. Sie bestehen, wie die Zeichnung andeutet, aus bündelweise vereinten Hyphen, sie sind dicht besetzt mit eigenthümlichen verdickten und wenig zugespitzten Hyphenenden, welche unter dem Mikroskop eine rauhe Oberfläche erkennen lassen. Diese Enden ragen etwa 20 μ im Durchschnitt aus dem Körper der Stacheln hervor und mögen an der dicksten Stelle bis 7 μ Durchmesser haben. Ihre Membran ist sehr stark verdickt, und bei sehr starker Vergrösserung stellt man fest, dass diese Verdickung lokalisirt auftritt und dadurch die rauhe Oberfläche hervorruft.

Die Basidien, welche eine geschlossene Hymenialschicht zwischen den Stacheln bilden, sind länglich oval, 21 μ lang, 12 μ breit. Sie sind über Kreuz getheilt und tragen vier Sterigmen von ziemlich gleicher, höchstens 20 μ betragender Länge.

Die ovalen Sporen sind etwas gekrümmt und mit einem seitlichen Spitzchen und einer Vakuole im Innern versehen. Sie gleichen durchaus den Sporen von Exidia und Exidiopsis. Sie sind 12—15 μ lang.

b. Exidiopsis Olsen.

In Brefelds Untersuchungen Bd. VII S. 94 ist die Untergattung Exidiopsis aufgestellt und begründet worden. Die dort beschriebene Form, Ex. effusa, bildet eine wachsartige, papierdünne, gelatinöse glatte Haut, weist also noch nicht mehr als die ersten Anfänge der Fruchtkörperbildung auf. Da ich in Brasilien von dem Anfange meines Aufenthaltes an, den Protobasidiomyceten meine besondere Aufmerksamkeit zuwendete, so fand ich bald und sehr häufig Formen, welche, wie die Kulturen zweifellos ergaben, zu Exidiopsis zu rechnen waren, dünne schleimig-gallertige Ueberzüge auf faulendem Holze, welche echte Exidia-Basidien und Sporen besassen, und deren Sporen, in Nährlösung ausgesäet, mit dünnen Fäden auskeimten und zur Bildung der höchst charakteristischen Häkchenconidien übergingen. Die Anzahl solcher Formen, die mir bei den Exkursionen zumal nach Regenwetter in die Hände kamen, wuchs von Monat zu Monat. Die Unterscheidung der einzelnen von einander war oft recht schwierig. Bei diesen einfachen Formen, die nach demselben Typus gebaut sind, ist wenig Gelegenheit zur Ausbildung scharfer Merkmale vorhanden. Geringe Grössenunterschiede in den Basidien und Sporen, in der Länge der Sterigmen oder in der Dicke der Fäden, verschiedene Farbentöne des ganzen Gebildes, deuteten wohl oftmals darauf hin, dass verschiedene Arten vorhanden waren; oftmals musste ich aber auch die Frage offen lassen, ob zwei solche „Ueberzüge" zu einer Art zu rechnen oder als zwei Arten aufzufassen seien. Manche Formen indessen zeigten bestimmtere Charaktere, und diese sind es, die ich bei meiner Beschreibung hier in erster Linie berücksichtigen will.

Ich halte es für angezeigt, Exidiopsis als selbstständige Gattung vor Exidia zu stellen, ja sogar die Exidiopsideen mit der vorläufigen Gattung Heterochaete, sowie mit Exidiopsis und Sebacina als besondere Gruppe vor den Tremellineen im engeren Sinne zu behandeln, welche letzteren die Gattung Exidia in sich begreifen. Es folgt das aus dem hier angenommenen Princip der Eintheilung der Gruppen nach der Höhe ihrer Fruchtkörperausbildung. In diesem Betracht nämlich stehen die Exidiopsideen zu den Tremellineen wiederum in genau demselben Verhältniss, wie es vorher zwischen den Platygloeen und den Auricularieen bestand. Exidiopsis weist nun freilich mit der Gattung Exidia soviel Uebereinstimmung auf, vorzüglich durch das bei beiden Gattungen gleichmässige Vorkommen der charakteristischen Häkchenconidien, dass es unnatürlich scheinen könnte, sie zu trennen. Indessen wenn wir berücksichtigen, dass ganz genau dieselben, fast ununterscheidbar gleichen Conidien auch bei der Gattung Auricularia vorkommen, die doch jedenfalls einer anderen Verwandtschaftsreihe angehört, wenn wir uns ferner erinnern, dass Hefeconidien von gleicher Gestalt bei Pilzen aus den verschiedensten Verwandtschaftskreisen angetroffen werden, so kommen wir zu dem Schlusse, dass die Uebereinstimmung in der Conidienform für sich nicht immer genügen kann, die nahe Blutsverwandtschaft zu beweisen. Ganz anders liegt es im umgekehrten Falle. Durchgreifende Unterschiede in den Conidienformen können wohl als Grund dienen, zwei sonst der Tracht nach ähnliche Pilze generisch zu trennen. Dieser Grund ist z. B. bei Aufstellung der Brefeldschen Gattungen Ulocolla und Craterocolla maassgebend gewesen, auf die wir weiter unten zurückkommen. Im vorliegenden Falle soll nun keineswegs die nahe Verwandtschaft von Exidiopsis zu Exidia durch die hier getroffene systematische Anordnung bestritten werden. Der Uebergang von jener zu dieser Gattung vollzieht sich vielmehr so allmählich, dass man z. B. bei unserer demnächst zu beschreibenden Exidiopsis ciliata zweifelhaft sein könnte, ob sie nicht bei Exidia besser unterzubringen sei. Es ist ein praktisches Bedürfniss der übersichtlichen Anordnung, welches die Scheidung in Exidiopsideen und Tremellineen zweckmässig erscheinen lässt, zumal diese Scheidung die Parallelität der Tremellaceenreihe mit der der Auriculariaceen aufs beste erläutert.

Exidiopsis also verkörpert uns die niederste Stufe der Fruchtkörperbildung unter den Tremellaceen. Man könnte die Gattung, wenn sie nicht schon benannt wäre, recht passend auch Protocorticium nennen, wodurch die augenfällige Parallele mit dem schon oben zum Vergleich herangezogenen Ascocorticium eine treffliche Hervorhebung erfahren würde.

Exidia geht, wie wir sehen werden, schon einen beträchtlichen Schritt weiter auf der angezeigten Bahn. Dort treten im Lager der Basidien Aufwölbungen, Buckel und Falten auf. Ein dicker Körper von Gallertgewebe wird gebildet, der zunächst allseitig, bei den höchsten Formen jedoch nur noch an bestimmten Stellen das Hymenium hervorbringt; ja endlich werden sogar consolenartig vom Substrate abstehende Fruchtkörper dort angetroffen.

Exidiopsis cerina nov. spec. wurde in den Wäldern der Umgegend Blumenaus zu verschiedenen Malen gefunden. Sie bildet papierdünne, graue, wachsweiche, gelatinöse Ueberzüge an morschem Holze, an alten Bambusscheiden u. s. w. Der feine Ueberzug legt sich dem Substrate eng an; ist dieses runzlig uneben, so erscheint auch die Exidiopsis so, auf glatter Unterlage ist sie dagegen vollkommen glatt. Die Farbe ist gleichfalls vom Substrat abhängig. Besteht dieses aus hellerem Holz, so erscheint auch der Pilz hell durchscheinend, in anderen Fällen erscheint er blaugrün, röthlichgrau, blauschwarz u. s. w. Obwohl hie und da Unebenheiten auf der Fläche des Hymeniums sich finden, so ist doch von einer regelmässigen Papillenbildung nicht die Rede. Die in gleichmässiger Schicht angeordneten Basidien sind ein wenig oval mit 12 μ grösstem Durchmesser, die Sporen länglich gekrümmt, wie bei fast allen Exidien, 8—9 μ lang und 6 μ breit. Ein leicht auffindbares Merkmal besitzt diese Form in eigenthümlichen Schläuchen, welche pallisadenartig, aber in ungleichem Abstande von einander im Hymenium stehen, über dessen Fläche aber nicht nach aussen hervorragen. Diese Schläuche haben 22 bis 30 μ Länge bei ungefähr 7 μ Breite. Sie sind mit gelblichem dunkleren Inhalte erfüllt. Es sind Bildungen, welche den bei Stypella beschriebenen, dort viel längeren Schläuchen wahrscheinlich wohl wesensgleich zu setzen sein dürften. Auch bei trocken oder in Alkohol aufbewahrtem Material erhalten sich diese Schläuche für immer kenntlich durch ihren dunkleren Inhalt, während die ausserordentlich feinhäutigen Basidien an aufbewahrtem Material nur mit grösster Mühe und nie mehr ganz zweifellos deutlich in den Einzelheiten ihres Baues erkannt werden.

Zahlreiche Kulturen in Wasser und in Nährlösungen habe ich besonders im Jahre 1891 angestellt und später wiederholt. Ihr Ergebniss deckt sich in allen Einzelheiten mit dem durch Brefeld im VII. Hefte seiner Untersuchungen mitgetheilten über die deutschen Exidien. Die aus der Spore austretenden Keimschläuche sind ausserordentlich fein und verzweigen sich reich. Sie bilden dichte Mycelrasen auf dem Objektträger und aus den Rasen erheben sich später die conidientragenden Fäden, welche die stark gebogenen Häkchen in grossen Mengen, köpfchenartig angeordnet, tragen. In dünnen Nährlösungen tritt die Conidienbildung im Allgemeinen früher auf als in reichen. Sie greift dann zurück bis in die unmittelbare Nähe der Spore. Die Brefeldschen Zeichnungen auf Taf. V a. a. O. sind ohne weiteres gültig für diese am Boden des brasilischen Urwaldes aufgegriffene Exidiopsisform. Auch dass die Häkchenconidien ihrerseits wieder zu Mycelien auskeimen, habe ich mehrfach feststellen können. Im Ganzen machten sie freilich hier den Eindruck, als sei ihre Keimkraft geschwächt. Denn die Keimung trat nicht allgemein auf und es vergingen mehr als 8 Tage, ehe ein kleines verzweigtes Mycel zu Stande kam. Uebrigens ist auch die Keimung der Sporen hier wie bei den meisten verwandten Formen niemals ganz allgemein. Zwischen den kräftig ausgekeimten Sporen liegt immer eine grössere Zahl von solchen, welche keine Keimung zeigen.

Sekundärsporenbildung auf dem Hymenium und bei Aussaaten in Wasser ist häufig.

Exidiopsis verruculosa nov. spec. bildet auf abgestorbener Rinde, auf am Boden liegenden Zweigstückchen u. s. w. höchst feine, weisse, kaum seidenpapierstarke Häute mit unregelmässiger Umgrenzung. Unter der Lupe erscheint die Haut ganz fein gekörnelt von zerstreut stehenden, sehr kleinen Papillen, die sich unter dem Mikroskop nur als sterile Fadenbündel erweisen von höchstens 70 μ Höhe. Es ist klar, dass diese Warzchen oder Papillen nur durch geringere Grösse von den „setulae" der Hymenochaete unterschieden sind. Man würde die Exidiopsis verruculosa sicher zu Heterochaete stellen müssen, wenn nicht die Keimung der Sporen und die Conidienbildung uns darüber belehrte, dass sie zu Exidiopsis gehört. Die Basidien stehen ziemlich dicht, sie haben nur 10 μ Durchmesser und sind über Kreuz getheilt. Die Sterigmen sind fast genau gleichlang, ebenfalls etwa 10 μ. Auch die Länge der Sporen beträgt 9—10 μ, ihre Breite 4 μ. Sie sind etwas gekrümmt und mit einer Vakuole versehen, wie die meisten Sporen dieser und der folgenden Gattung. Hierbei muss bemerkt werden, dass die Vakuole nur bei frischaufgefangenen Sporen bemerkt werden kann. Sporen von altem in Sammlungen konservirten Material verändern ihren Inhalt in verschiedener Weise. Die Angabe „sporis guttulatis", die Patouillard oftmals macht, bezieht sich nur auf solch conservirtes Material und ist fast werthlos, weil sie nur angiebt, wie im besonderen Falle die toten und veränderten Sporen ausgesehen haben.

Die Sekundärsporenbildung kommt vor. Die Keimung geschieht in Wasser und in Nährlösungsaussaaten; es wurden reich verzweigte Mycelien erzielt, in denen früher oder später die Conidienträger auftraten. Die Conidien sind die bekannten Häkchenconidien. Alle Einzelheiten der Erscheinung decken sich mit den von Brefeld geschilderten. Die Conidien keimen leicht und kräftig wiederum aus und erzeugen neue conidientragende Mycelien.

Bemerkenswerth ist die bei Tremellaceen verhältnismässig sonst seltene Schnallenbildung, welche an älteren Mycelien dieser Form mehrfach beobachtet wurde.

Patouillard beschreibt eine Heterochaete lividofusca und giebt dabei an: sporis ovoideis subrectis (20—24×10 μ); conidiis globosis, hyalinis (10 μ latis). Man könnte also vermuthen, dass hier eine vielleicht mit unserer Exidiopsis verwandte Form vorläge. Es muss daher immer wieder betont werden, dass Patouillard keine Conidien von Heterochaete gesehen hat, es handelt sich bei jener Angabe, die nur zu leicht Irrthümer stiften kann, immer nur um Sekundärsporen.

Erwähnen will ich noch, dass ich neben dieser Exidiopsis verruculosa unter gleichen Standortverhältnissen eine andere Art (Nr. 785 meiner Sammlung) fand, welche bei Betrachtung mit blossem Auge und mit der Lupe nicht von ihr zu unterscheiden war. Die Basidien waren aber hier länglich oval, 21 μ lang, auch die Sterigmen hatten die Länge von etwa 21 μ, die gekrümmten Sporen maassen 15 μ Länge, 7—8 μ Breite. Die Basidien zeigten oftmals ein Auseinanderklaffen der Theilzellen, wie es besonders deutlich bei Tremellodon angetroffen wird. Die feinfädigen, aus den Sporen erzogenen Mycelien unterschieden sich nicht von denen der vorigen. Da aber Bakterien die Kulturen verunreinigten, so gelang es mir nicht, die Conidienbildung festzustellen, welche der Form höchst wahrscheinlich auch zukommt. Ich unterlasse es desshalb auch, sie mit Namen zu bezeichnen.

Exidiopsis tremellispora nov. spec. bildet papierstarke, graue, wachsartig weiche, schwach gallertige Ueberzüge mit ganz unregelmässiger Umgrenzung auf abgestorbener Rinde. Unter der Lupe erscheint die Fläche höchst fein und regelmässig mit Wärzchen besetzt, welche sich bei genauer Untersuchung als sterile Hyphenbündel erweisen, die kaum mehr als 100 μ über die Fläche hinausragen. Ganz gleiche Bildungen trafen wir bei Ex. verruculosa und es wurde dort schon ihre Uebereinstimmung mit den „setulae“ der Heterochaete-Arten hervorgehoben. Ihren besonderen Charakter erhält die vorliegende Form durch eigenthümliche Schläuche, welche genau wie bei Ex. cerina im Hymenium, senkrecht zur Fläche, zahlreich, doch in unregelmässiger Vertheilung angetroffen werden. Diese Schläuche sind aber hier weit länger als dort. Sie erinnern in ihrer Form sehr an die bei Stypella beschriebenen und abgebildeten (s. Taf. IV Fig. 6—7) und haben mit jenen auch das gemein, dass sie oftmals über die Hymeniumfläche mit ihren Enden ins Freie hinausragen, was bei den Schläuchen der Ex. cerina nie vorkam. Diese Schläuche lassen ihren Ursprung von den sehr dünnen Fäden, welche das Lager des Pilzes bilden, deutlich erkennen. Sie erreichen bis zu 100 μ Länge, bei wechselnder, meist von 4—8 μ schwankender Stärke. Sie sind von gleichartigem, körnerfreiem, dichtem Protoplasma strotzend erfüllt. Die Basidien finden sich nicht dicht gedrängt, wohl aber in einer im wesentlichen horizontalen gleichmässigen Schicht angeordnet vor. Sie sind rundlich über Kreuz getheilt, mit 20—22 μ Durchmesser. Die Länge der Sterigmen schwankt ausserordentlich, und dies hängt damit zusammen, dass bei dieser Form die Gallertbildung, welche sich weiterhin immer mehr steigert, bereits deutlich auftritt. Wir haben bei den Auricularaceen gesehen, dass bei den niedersten Formen (Stypinelleen) die Sterigmen kurz und meist von unter einander gleicher Länge waren, dass aber mit dem Auftreten gallertiger Fruchtkörper bei den Platygloeen die Sterigmen länger und ungleich wurden. Genau dasselbe treffen wir nun hier bei den Tremellaceen wiederholt. Mit dem Auftreten der Gallerte wird aus dem früheren lockeren Fadengeflechte ein in sich geschlossener Körper. Die Basidien liegen mehr oder weniger in Gallerte eingebettet unter der Oberfläche und die Sterigmen müssen je nachdem länger oder kürzer auswachsen, um die Spore ins Freie befördern zu können. Die längsten Sterigmen unserer Form hatten bis zu 63 μ Länge, die kürzesten sind nicht länger als die Basidie selbst.

In der Form der Sporen weicht die Ex. tremellispora erheblich von den früher besprochenen und von den meisten Verwandten ab. Sie nähert sich mehr der rundlichen Gestalt, welche für die Gattung Tremella charakteristisch ist. Die Sporen messen 16 μ in der Länge und 11 μ in der Breite und die eigenthümliche Krümmung sonstiger Exidiopsis- und Exidiasporen ist nicht wahrzunehmen. Die Keimung indessen und die Kultur der aus den Sporen erzogenen Mycelien lassen uns über die Beurtheilung der Form keinen Zweifel bestehen. Es treten feinfädige Mycelien auf, welche mit reichlicher Fruktifikation in den Häkchenconidien von der bekannten Form und Grösse ihren Abschluss finden.

Vielleicht beweist keine andere Form so schlagend wie diese, dass zur Beurtheilung derartiger Protobasidiomyceten die künstliche Kultur der Sporen ein ganz unentbehrliches Hülfsmittel ist. Nur durch sie kann dieser gar nicht zu verkennende Charakter, der in den gekrümmten, winzigen, traubenartig auftretenden Conidien gegeben ist, zur Anschauung gebracht werden. Nach der Form der Sporen würde man geneigt sein, den Pilz von der Gattung Exidiopsis auszuschliessen.

Durch Sporen, welche in ihrer Form ebenfalls an Tremellasporen erinnern und die Krümmung der für Exidia und Auricularia typischen Form nicht erkennen lassen, ist eine weitere Exidiopsisform ausgezeichnet: **Exidiopsis glabra nov. spec.**, welche vollkommen glatte, unregelmässig umgrenzte, kaum papierstarke, hauchartige Ueberzüge darstellt. Ihre Basidien sind 18 μ lang, 12 μ breit, ihre Sporen fast rund, 12×10 μ, ganz vom Ansehen typischer Tremellasporen. Von Warzen oder Papillen auf dem Hymenium ist nichts zu sehen. Schläuche, wie bei Ex. cerina oder verruculosa kommen im Hymenium nicht vor. Die Fäden welche das ganze Gebilde in lockerer Verflechtung durchziehen, sind ganz ausserordentlich fein. Die Sporen keimen mit verhältnismässig starken (bis 4 μ) Keimschläuchen, im Gegensatz zu allen anderen untersuchten Formen, deren Keimschläuche kaum über 1 μ Stärke hinausgehen. In der Länge der Zeit wurden sie dann in künstlichen Kulturen immer feinfädiger, bis sie schliesslich von den anderen Exidiopsis-Mycelien nicht mehr zu unterscheiden waren. Erst nach 14tägiger Kultur traten die charakteristischen Conidienträger mit Häkchenconidien reichlich in die Erscheinung und ermöglichten die richtige Beurtheilung dieses Pilzes.

Exidiopsis ciliata nov. spec. ist unter allen von mir gefundenen Arten der Gattung die am höchsten entwickelte, diejenige, welche der Gattung Exidia am nächsten steht und einen Uebergang zu ihr vermittelt. Sie bildet runde oder rundlich lappige, bestimmt umschriebene Krusten von 1—2 mm grösster Dicke auf morschen, am Boden liegenden Rindenstücken. Das grösste mir vorgekommene Exemplar ist in natürlicher Grösse photographirt und auf Taf. II. 1 dargestellt. Die Masse des Pilzes kann man fast knorpelig-gallertig nennen. Die Kruste legt sich der Unterlage eng an und wiederholt deren Unebenheiten. Sie ist nicht durchweg von genau gleicher Dicke, und es kommen dadurch Unebenheiten ihrer Fläche zu Stande, welche schon etwas an die faltigen Windungen der Exidia- und Tremella-Fruchtkörper erinnern. Doch kommt Exidia ciliata über Andeutungen in diesem Sinne kaum hinaus. Den Namen erhielt der Pilz von der Beschaffenheit des Randes der Kruste. Diese erscheint, wie man mit Hülfe der Lupe auch auf unserem Bilde an einzelnen Stellen sehen kann, regelmässig fein gewimpert. Dieser Rand des Thallus ist sehr dünn. Man kann ihn leicht von der Unterlage abheben und unter das Mikroskop bringen. Man erkennt dann, wie die Wimpern zu Stande kommen. Die radial fortwachsenden Hyphen des Randes schliessen nämlich zu kegelförmigen Bündeln zusammen; die Kegel stellen die Wimpern dar. Die ganze Fläche des Thallus ist auch bei dieser Form mit kleinen, für das blosse Auge nur mühsam erkennbaren, körnigen Papillen besetzt. Auch diese erweisen sich wieder wie in früheren Fällen bei genauer Betrachtung als Bündel steriler Hyphen. Wir bemerken besonders an der Spitze dieser Bündel zahlreiche, in bestimmter Weise angeschwollene Fadenenden mit rauher Oberfläche, genau denen entsprechend, welche auf den Papillen der Heterochaete Sae Catharinae angetroffen wurden. Sie sind indessen hier von mehr ovaler gedrungener Gestalt als dort und haben 15—20 μ Länge bei 10 μ grösster Breite, die Rauheit ihrer Oberfläche kommt wohl durch ungleiche Membranverdickung zu Stande. Ueber die Bedeutung dieser Gebilde lässt sich vorläufig nicht einmal eine Vermuthung aufstellen. Patouillard hat sie bei mehreren seiner Heterochaete-Arten ebenfalls angetroffen und nennt sie pila cystidiformia. Es ist nicht zweifelhaft, dass auch der vorliegende Pilz zur Patouillardschen Gattung Heterochaete würde gestellt werden, wenn die Ergebnisse der künstlichen Kulturen seiner Sporen nicht eine andere Auffassung nothwendig machten.

Die Sporen sind die charakteristischen länglichen, etwas gekrümmten Exidia-Sporen; sie messen 12—15 μ in der Länge, 6 μ in der Breite. Die Basidien sind fast kuglig mit 12—14 μ Durchmesser. Die Kultur der Sporen ergab reich verzweigte, feinfädige Mycelien mit den büschelig angeordneten Häkchenconidien zuerst an einzelnen Fäden, später an grösseren Trägern.

Alles was über Sekundärsporenbildung, Theilung der Sporen durch Scheidewände, Austreiben der Keimschläuche, frühere und spätere Erzeugung der Conidien je nach dem Grade der Concentration der Nährlösung für Exidia durch Brefeld festgestellt ist, wurde in zahlreichen Kulturen der Exidiopsis ciliata bestätigt gefunden.

Ausser den angeführten Exidiopsis-Arten habe ich in meinen Notizen noch vier Formen verzeichnet, von denen ich sicher bin, dass sie selbstständige Arten darstellen. Allen diesen kommen Sporen zu von der für Exidiopsis im Allgemeinen bezeichnenden Gestalt, und es ist mir nicht zweifelhaft, dass sie in den Rahmen der Gattung gehören.

Ich habe auch mit allen Aussaatversuche angestellt, aber das Auftreten der Häkchenconidien nicht festgestellt. Die Sporen keimten zum Theil sehr unregelmässig, auch konnte ich den Kulturen nicht immer die nöthige Aufmerksamkeit zuwenden, da mich andere Beobachtungen in Anspruch nahmen, und viele wurden daher durch Bakterieninvasion vernichtet. Es ist sehr wahrscheinlich, dass auch diesen Formen die Häkchenconidien nicht fehlen. Ich halte es aber für besser, sie nicht mit besonderen Namen zu bezeichnen, vielmehr die Benennung späteren Beobachtern zu überlassen, welche durch die Feststellung der Conidienfruktifikation ihre Zugehörigkeit zu Exidiopsis darzuthun im Stande sein werden.

Bei gelegentlichem Durchsehen von Material, das ich von Exkursionen heimbrachte, für dessen genauere Untersuchung mir aber die Zeit fehlte, habe ich mich überzeugt, dass die Exidiopsisformen im südbrasilischen Walde sehr häufig sind, und wahrscheinlich ist die Anzahl ihrer Arten sehr bedeutend. Die Patouillardschen Heterochaete-Arten dürften zum grossen Theile hierher gehören. Es bleibt hier späteren Sammlern noch ein grosses Feld von Beobachtungen offen, auf dem aber wissenschaftlich verwerthbare Ergebnisse nur dann zu erwarten sind, wenn die Untersuchungen an Ort und Stelle an dem frischen Material und unter Zuhülfenahme der künstlichen Kultur der Sporen ausgeführt werden. Zweifellos könnte ein Mykolog in Buitenzorg z. B. mit verhältnissmässig geringer Mühe unsere Kenntniss dieser und verwandter Arten noch beträchtlich erweitern.

Erwähnt sei hier auch, dass ein von Patouillard (Champignons de l'Équateur pug. III S. 15) unter dem Namen Tremella Pululahuana beschriebener Pilz mit grösster Wahrscheinlichkeit zu Exidiopsis zu rechnen ist. Er besitzt nach der Beschreibung die charakteristische Sporenform der Exidiopsis, sein Habitus weist ihn ebenfalls dorthin und nicht minder die im Lager auftretenden vertikal angeordneten schlauchartigen Zellen. Ueber seine Nebenfruchtform ist nichts bekannt. Dass Patouillard ihn zu Tremella stellt, beruht auf einer Willkür, welche nur möglich ist, wenn man die wahren Charaktere dieser Gattung und der Gattung Tremella nicht kennt. Es ist unmöglich, irgend einen nur in trockenem Herbarzustande bekannten Pilz mit Sicherheit entweder als Tremella oder als Exidia oder Exidiopsis zu bezeichnen. Tremella hat Hefeconidien. Ohne diesen Charakter schwebt die Gattung in der Luft, wie Brefeld deutlich nachgewiesen hat. Es mag dem Systematiker noch so unbequem sein, ohne künstliche Kultur kann er hier die Etiketten für sein Herbarmaterial nicht richtig ausfüllen, ohne künstliche Kultur keine Bestand versprechende nov. spec. gründen.

c. Sebacina.

Die Gattung Sebacina, charakterisirt durch ihre eigenartigen schimmelähnlichen Conidienträger, gehört als dritte Gattung in unsere Gruppe der Exidiopsideen, da sie, ohne zur eigentlichen Fruchtkörperbildung vorgeschritten zu sein, nur glatte, wachsartige Ueberzüge auf dem Substrate bildet. Man vergleiche über diese Gattung die Beschreibung und Abbildungen bei Brefeld VII. Heft S. 102 und Taf. VI. Ferner auch Tulasne Ann. sc. nat. 5. série Tome XV S. 223—28. In Brasilien habe ich Angehörige dieser Gattung nicht gefunden.

3. Tremellineen.

a. Exidia Fries.

Aus Europa sind eine beträchtliche Anzahl von Arten der Gattung Exidia bekannt geworden, denen bisher nur eine Exidiopsis gegenüber stand. Es war mir daher überraschend, gerade die letztere Gattung in den Wäldern Südbrasiliens so häufig und in mannigfachem Wechsel der Gestalten anzutreffen, wie ich es eben geschildert habe, während ich eigentliche Exidiaformen lange Zeit vergeblich suchte. Im August 1892 fand ich auf verwesenden Bambusblättern am Waldboden einen Pilz, dessen Zugehörigkeit zur Gattung Exidia alle Wahrscheinlichkeit für sich hat. Er bedeckte thalergrosse Flächen der Unterlage mit einem weissgrau glasig glänzenden Ueberzuge. Sah man genauer zu, so erwies sich der Ueberzug zusammengesetzt aus einer grossen Anzahl kleiner selbstständiger Fruchtkörper, welche rundlich lappige Gestalt, meist nicht über 2 mm Durchmesser und auch nicht über 2 mm Stärke aufwiesen, und die gegenseitig mit ihren Rändern sich berührten oder auch überdeckten. Jeder einzelne Fruchtkörper ist nur an einer Stelle durch einen freien Stiel der Unterlage angesetzt. Seine Oberfläche ist in der Mitte am höchsten, bisweilen auch wellig faltig. Im ganzen ähnelt der Pilz ausserordentlich der von Brefeld beschriebenen und Taf. V Fig. 12 im VII. Bande seines Werkes abgebildeten Exidia guttata. Die Basidien, welche in dichter Schicht unter der Oberfläche stehen, sind oval, 11 μ lang, 7–8 μ breit, die Sterigmen kaum doppelt so lang als die Basidien, von ungleichmässiger Stärke und oftmals verbogen, die Sporen von der charakteristischen, länglichen, etwas gebogenen Gestalt, 7–8 μ lang und 5 μ breit. Sekundärsporenbildung wird auf dem Hymenium angetroffen. Eine Keimung war weder in Wasser, noch in Nährlösung zu erzielen und die Häkchenconidien, welche vermuthlich auch dieser Form zukommen, wurden nicht beobachtet. Aus diesem Grunde halte ich es für geboten, die neue Form noch nicht zu benennen.

Ergebnissreicher gestaltete sich die Untersuchung einer zweiten Art, welche ich zu verschiedenen Malen und an verschiedenen Standorten im Jahre 1892 sammelte. Sie konnte als Exidia sicher festgestellt werden und erhielt den Namen **Exidia sucina nov. spec.**

Auf die ersten Exemplare dieses Pilzes, welche ich an morschen Holzstücken antraf, passte genau die eben für die vorangehende Form gegebene Beschreibung. Nur war die Farbe der gallertigen Polsterchen hellgelblich anstatt weiss. Weitere Funde in den nächsten Tagen des August 1892 belehrten mich indessen, dass diese Form mit den oben beschriebenen Fruchtkörperbildungen ihre höchst mögliche Entwickelung noch längst nicht erreicht hatte. Ich traf bald auch morsche Zweigstücke, an denen dieselbe Form in denselben dünnen, aus kleinen Einzelkörpern zusammengesetzten Krusten vorkam, wo sie aber durch günstige Umstände des Substrats unterstützt seitwärts überführte in grössere, hutförmige, vom Substrate abstehende Bildungen. Auch diese sassen, wie die kleinen Früchte, nur mit einem, freilich etwas dickeren Stiele an, brachen gewöhnlich aus Spalten der Rinde hervor, besassen aber einen viel mächtigeren, bis 2 cm breiten und über 1 cm dicken Körper aus Gallertmasse und trugen das Hymeninm nur an der schon makroskopisch scharf umgrenzten Unterseite. Diese grösseren Fruchtkörper zeigten im durchscheinenden Lichte die Farbe hellen Bernsteins, wovon der Pilz seinen Namen erhielt. Es wiederholte sich bei dieser Exidia also die Erscheinung, welche wir am häufigsten und deutlichsten ausgeprägt bei manchen Polyporeen kennen, dass sie nämlich aus der resupinaten Form unter geeigneten Umständen in die seitlich abstehende Consolen- oder Hutform überführen. Noch höher und selbstständiger entwickelte Fruchtformen kommen bei manchen unserer europäischen Exidien, z. B. Ex. repanda, truncata, recisa, vor.

Die Basidien unserer Exidia sucina messen 10—12 μ Durchmesser, die Sporen sind 10—12 lang, 4—5 μ breit und etwas gekrümmt, mit einer Vakuole im Innern. Das Hymenium besitzt eine ausgeprägte Eigenart in ungemein zahlreichen, von gelblichem Inhalte strotzenden Schläuchen, welche dicht unter der Basidienschicht von den feinen Fäden des Gallertgewebes ihren Ursprung nehmen, zwischen den Basidien durchgehen und über diese hinaus bis dicht unter die äusserste Schicht des Fruchtkörpers reichen, ohne über sie hinaus ins Freie zu treten. Diese Schläuche verdicken sich von unten nach oben nicht immer regelmässig und erreichen bis zu 8 μ Durchmesser, nach oben nehmen sie wieder an Stärke etwas ab. Ihre Länge schwankt sehr, dürfte aber im Durchschnitt 60—80 μ betragen. Sie erinnern durchaus an die bei mehreren Exidiopsis-Arten angetroffenen Schläuche.

Gleiche Bildungen beschreibt Patouillard für seine oben besprochene (s. S. 93) Tremella Palulahuana.

Unsere Exidia sucina wurde in zahlreichen Kulturen vom 26. Juli bis zum 6. August und vom 19. August bis zum 25. September gezogen. Die Sporen keimen höchst unregelmässig mit einem sehr feinen Faden, in den sie, in der Regel ohne eine Scheidewand zu bilden, ihren Inhalt entleeren. Die Exidia-Häkchenconidien werden dann bisweilen, zumal in dünnen Nährlösungen, in unmittelbarer Nähe der gekeimten Spore an dem dünnen Keimschlauche gebildet (vergl. Brefeld VII Taf. V Fig. 4 und 9). Andere besser ernährte wachsen weiter aus und bilden weitverzweigte, feinfädige, dichte Mycelrasen, von denen schliesslich die besenartig verzweigten, reiche Conidienbüschel tragenden Fäden in die Luft sich erheben. Alle Einzelheiten stimmen mit den von Brefeld für die europäischen Formen gemachten Angaben auf das genaueste überein. Die Kulturen mussten jedoch über einen Monat lang gepflegt werden, ehe die Luftconidienbildung erzielt wurde.

Die stärksten und grössten Fruchtkörper zeigten sogenannte Papillen auf der Hymenialfläche, die kleineren waren ganz glatt, ein neuer Beweis für die Bedeutungslosigkeit der Papillen für die Gattungs- und Artunterscheidungen.

Da ich im Vorangehenden stets auf die Brefeldschen Untersuchungen über Exidia verwiesen habe, die Bildung der Häkchenconidien wiederum zu beschreiben und abzubilden für unnöthig hielt, und anstatt dessen mit dem Hinweise auf Brefelds Figuren mir genügen liess, so kann ich nicht umhin, zum Schlusse auf eine Bemerkung einzugehen, welche Costantin über jene Untersuchungen gemacht hat (Observat. critiques sur les hétérobasidiés Journ. de bot. II S. 229ff.), die, wenn sie richtig wäre, mein Verfahren als unzulässig erscheinen lassen müsste.

Costantin sagt a. a. O.: „Les auteurs (sc. Brefeld, Istvánffi und Olsen) ont figuré la germination des basidiospores (sc. de l'Exidia) dans un milieu nutritif: elle est absolument identique à celle des Auriculaires; mais ils n'ont pas représenté d'arbuscule conidifère comme dans le genre précédent. Ils disent dans le texte (S. 86) que les spores naissent très abondamment sur le mycélium, mais on ne sait pas exactement comment elles se forment sur leurs supports."

Hierauf ist zu erwidern, dass der französische Forscher die von ihm kritisirte Arbeit doch wohl nicht genau genug berücksichtigt hat, er müsste sonst auf Seite 90 gefunden haben, dass über die Bildung der Häkchenconidien jeder von ihm gewünschte Aufschluss gegeben ist. Da die Bildung derselben, wie ich es an meinen brasilischen Formen bestätigen konnte, mit der bei Auricularia vorkommenden, bei Brefeld Taf. IV durch Istvánffi trefflich dargestellten ganz und gar übereinstimmt, so konnte auf jene Figuren verwiesen werden. Es hiesse unnütz Raum in Anspruch nehmen, wollte man dieselben Conidienträger, die man nicht unterscheiden kann, für jede der Formen einzeln darstellen. Somit glaube auch ich gerechtfertigt zu sein, wenn ich die Tafeln dieses Buches nicht mit abermaligen Abbildungen derselben Dinge füllte, welche von Brefeld und Istvánffi s. Z. (Brefeld VII Taf. IV) so gut dargestellt sind, dass ich nur fürchten müsste, in der Ausführung hinter jenen Zeichnungen zu weit zurückzubleiben.

b. Ulocolla Brefeld.

Die von Brefeld aufgestellte Gattung Ulocolla (Brefeld VII S. 95 ff.) steht der Gattung Exidia am nächsten durch die Form ihrer Basidien und Sporen. Ihre Fruchtkörper sind von denen mancher Tremellen, z. B. Tr. undulata, kaum sicher zu unterscheiden. Die Gattung besitzt aber ein untrügliches Merkmal in ihren graden stäbchenförmigen, in Köpfchen angeordneten Conidien, welche an den aus den Sporen keimenden Mycelien gebildet werden (vergl. Brefeld a. a. O.). Wie keine andere wohl, hat diese Gattung den Unwillen der Systematiker alten Styles erregt.

weil sie thatsächlich ohne das Hülfsmittel der künstlichen Kultur nicht sicher „bestimmt" werden kann.

c. Craterocolla Brefeld.

(Vergl. Brefeld VII S. 98.) Diese Gattung ist besonders dadurch bemerkenswerth, dass ihre Conidien auf verzweigten Trägern gebildet werden und dass diese Träger zu selbstständigen pyknidenartigen Fruchtkörpern zusammentreten. Costantin hat durch literar-historische Studien (Journal de bot. II S. 229) gefunden, dass die Gattung eigentlich Ditangium Karst. heissen müsste. Sollte die Benennung nach den sogenannten Gesetzen der Nomenklatur auch richtig sein, so erscheint sie mir doch sehr unpraktisch. Wer sich über die Form unterrichten will, muss bei Brefeld nachsehen. Dort ist zum ersten Male klar und deutlich eine Tremellinee mit Conidienfruchtkörpern beschrieben und als Craterocolla benannt. Mit demselben Namen ist der Pilz bei Schröter aufgeführt. Meiner Ansicht nach kann es nur Verwirrung stiften, wenn man den ganz ungenügend definirten Begriff Ditangium wieder ausgraben will und ihn, unterstützt durch die Ergebnisse der Brefeldschen Untersuchung als das ausgiebt, was Brefeld Craterocolla benannt hat, und was Ditangium eben vorher nie bedeutet hat.

d. Tremella Dill. in der Begrenzung von Brefeld.

Die Gattung Tremella ist, wie Brefeld gezeigt hat, unter den Tremellineen durch den Besitz von hefeartig in unendlichen Generationen fortsprossenden Conidien ausgezeichnet. Ob eine Tremellinee solche hefeartig sprossende Conidien besitzt, kann nur im Wege der künstlichen Kultur ihrer Sporen entschieden werden. Für die Unterscheidung der äusserlich oft sehr ähnlichen Arten der Gattung Tremella ergaben sich sichere Anhaltspunkte ebenfalls nur durch die künstliche Kultur. Es ist bekannt, und wir werden bestätigt finden, dass die Form der Fruchtkörper im Rahmen dieser

Gattung ausserordentlich unbestimmt ist und als sicheres Merkmal der Unterscheidung nicht benutzt werden kann. Ja selbst die Maasse der Basidien sind nicht sicher, ausserdem bei durchaus verschiedenen Arten oftmals gleich. Nur durch das Hülfsmittel der künstlichen Kultur gelang es mir, diese Gattung um eine grosse Anzahl bisher unbekannter südamerikanischer Arten zu vermehren und durch die genaue Beobachtung der Conidienbildung, welche für jede Form eine andere, jedesmal aber bestimmte ist, ein für den vergleichenden Morphologen gewiss interessantes Material zusammenzutragen.

Die bisher veröffentlichten, bei Saccardo wohl annähernd vollständig zusammengestellten Diagnosen von Tremellen, welche entwickelungsgeschichtlich nicht untersucht wurden, sind zum grössten Theile aus den dargelegten Gründen gänzlich werthlos und unbrauchbar. Nur wenn eine Form zufällig, wie z. B. Tr. fuciformis Berk., äusserlich so auffallende Merkmale darbietet, dass sie dadurch von allen Verwandten absticht — und dies ist in der Gattung Tremella eben nicht die Regel —, gelingt die Identificirung eines neuen Fundes mit der schon veröffentlichten Beschreibung wenigstens mit einem hohen Grade von Wahrscheinlichkeit und Sicherheit.

Brefeld hat unter den Arten der Gattung Tremella solche unterschieden, welche Conidien auf den Fruchtkörpern selbst erzeugen, und andere, bei denen dies nicht vorkommt. Beiderlei Arten wurden auch in Brasilien beobachtet.

Von europäischen Arten gehören zur ersten Abtheilung Tr. lutescens und mesenterica.

Tremella lutescens Persoon, forma brasiliensis. Am 3. Juli 1891 fand ich nach lange anhaltendem Regenwetter an einem Zaune, der, wie es in dortiger Gegend üblich ist, aus gespaltenen Stämmen der Euterpe errichtet war (am Wege von Blumenau nach Gaspar) eine Tremella, welche ich als Tremella lutescens bezeichnen muss. Wir wissen von dieser Form aus Brefelds eingehender Untersuchung, dass sie in ihren verschiedenen Entwickelungszuständen äusserlich recht verschiedenes Ansehen zeigt. Die zuerst auftretenden Fruchtkörper sind verhältnissmässig klein, mit dichten, engen, gehirnartigen Windungen bedeckt und von brennend rother Farbe. Diese tragen nur Conidien. Nach einiger Zeit erscheinen zwischen den Conidienträgern die Basidien. Gleichzeitig werden die Fruchtkörper aufgetrieben zu grösseren, blasig erweiterten Gebilden, sie nehmen nun eine hellgelbe Farbe an, die Basidien überwiegen über die vorher allein vorhandenen Conidien. Alles dies traf zu für die brasilische Tremella, welche ich hier bespreche. Ich untersuchte sie genauer und kultivirte ihre Conidien und Sporen. Die Basidiensporen, welche wie bei der europäischen Form 12—15 μ Durchmesser besassen, verhielten sich bei der Aussaat in Wasser und Nährlösungen bis in alle Einzelheiten genau, wie es von Brefeld geschildert und abgebildet worden ist (Band VII, Taf. VII Fig. 7—11). Ein näheres Eingehen hierauf ist unnöthig. Brefeld hat den Nachweis geführt, dass die von der keimenden Spore gebildeten Conidien, welche hefeartig weitersprossen, wesensgleich sind mit den in den Conidienlagern der Fruchtkörper gebildeten, dass diese letzteren, wenn sie in Nährlösung übertragen werden, sich genau wie jene verhalten. Nur constatirt er einen kleinen, aber sehr bemerkenswerthen Unterschied. Die Hefeconidien, die von den Sporen stammen, sprossen nicht, wie es bei anderen Formen der Fall ist (vergl. z. B. fuciformis) in endlosen Generationen weiter, sondern sie gehen nach verhältnissmässig kurzer Zeit, auch wenn ihnen reichliche Nährstoffe zur Verfügung stehen, zur Fadenauskeimung über. Immerhin mögen wohl hundert Sprossgenerationen einander folgen ehe Fadenkeimung eintritt. Die Conidien der Fruchtkörper verhalten sich morphologisch ebenso, aber sie erzeugen höchstens drei oder vier Sprossgenerationen und gehen dann sofort, also nach viel kürzerer Zeit, zur Fadenkeimung über.

Es war mir nun von grossem Interesse, dass ich in zahlreichen Versuchen diesen an sich geringfügigen Unterschied auch bei meiner in Brasilien gewachsenen Tremella ganz sicher bestätigen konnte. Alsbald aber machte ich eine Beobachtung, welche die Ueberzeugung von der völligen Gleichheit des südamerikanischen und des europäischen Pilzes fast zu erschüttern geeignet war. Wenn nämlich die von Lagerconidien herstammenden Sprosszellen zu Fäden auskeimten, so bemerkte ich an jeder Scheidewand der Keimschläuche eine deutliche (vergl. Taf. IV Fig. 15) Schnalle, während bei Brefeld sich die ausdrückliche Angabe findet, dass keine Schnallen vorkommen. Ich untersuchte nun wiederholt die aus Sprossconidien von den Sporen herstammenden Mycelanfänge, und fand, dass an diesen die Schnallen zwar meist fehlten, jedoch bisweilen auch vereinzelt vorkamen. Es möchte sich wohl verlohnen, unsere europäische Tr. lutescens nochmals darauf hin zu untersuchen, ob nicht auch bei ihr gelegentlich die Schnallen anzutreffen sind.

Die Fig. 15 Taf. IV stellt eine kleine Partie aus dem Hymenium unserer brasilischen Tremella dar. Im Vergleiche mit den Abbildungen bei Brefeld Taf. VII Fig. 3—4 wird man geringe Unterschiede wahrnehmen, die alle in Worten auszudrücken unnütz weitschweifig sein würde. Interessant ist der Vergleich. Er beleuchtet treffend die Schwierigkeit, welche sich dem gewissenhaften Beobachter aufdrängt, sobald es gilt, eine an so weit entlegenem Standorte gefundene Pilzform mit einer bereits bekannten zu identificiren. In unserem Falle dürfte es praktisch unmöglich sein, auf den brasilischen Fund hin eine neue Art der Tremella zu begründen. Dennoch scheint es, dass in gewissen kleinen Einzelheiten die auf der anderen Erdhälfte in durchaus anderen klimatischen und Feuchtigkeitsverhältnissen lebende Form Abweichungen aufweist, deren Vorhandensein an sich weniger wunderbar ist, als eine vollkommene Uebereinstimmung sein dürfte. (Vergl. auch das über die forma brasiliensis von Pilacre Petersii Gesagte S. 65.)

Zu den mit Conidienlagern auf den Fruchtkörpern versehenen

Tremella-Arten gehört eine zweite, welche ich nur einmal, im Oktober 1891 gesammelt habe und auch nicht mit einem neuen Namen belege. Das Material ist mir verloren gegangen und Präparate konnte ich nicht aufbewahren, weil Hochwasser und eine nothwendig gewordene Verlegung meiner Arbeitsräume mich damals empfindlich schädigten. So besitze ich von dieser Tremella nur einige Zeichnungen und Notizen. Was die Farbe und Form der Fruchtkörper und die Grösse der Hymeniumtheile anlangt, zeigt sie eine völlige Uebereinstimmung mit Tr. mesenterica. Mit dieser stimmt sie auch darin überein, dass auf ihrem Fruchtkörper Conidienträger untermischt mit den Basidien in höchst unregelmässiger Anordnung zusammen vorkommen. Ausgezeichnet ist sie durch Schnallen an den Scheidewänden der Hyphen, welche für Tr. mesenterica bisher noch nirgends erwähnt worden sind. All dies würde jedoch die Erwähnung dieser mit Tr. mesenterica jedenfalls ganz nahe verwandten Form nicht rechtfertigen. Indessen erscheint mir eine Beobachtung der Erwähnung werth, welche hier einmal gemacht wurde. Unter den Basidien sind, wie mich sorgsame Untersuchung sicher überzeugte, solche mit nur einer Scheidewand und zwei Sterigmen sehr häufig. Die eine Scheidewand steht schräg (Taf. IV Fig. 10) und die Basidie gleicht in der Form bisweilen der zweitheiligen Basidie von Sirobasidium. Ich hatte eines Nachmittags Schnitte durch das Hymenium dieser Tremella in Wasser gelegt, es waren daran Basidien in den verschiedenen Stadien der Entwickelung, noch ungetheilt, mit Scheidewand ohne Sterigmen, mit eben austreibenden Sterigmen u. s. w., vergleichweise deutlich zu beobachten. Als ich am anderen Morgen diese Schnitte wiederum betrachtete, so fand ich, dass in mehreren Fällen die Conidienbildung, welche an den in Wasser aufgefangenen Sporen in der für Tr. mesenterica bekannten Weise vor sich geht, zurückgegriffen hatte auf eben austreibende Sterigmen junger Basidien (Taf. IV Fig. 10). Die Sterigmen waren sehr kurz geblieben und schnürten an ihrem Ende Conidien ab.

In dem Austreiben eines Keimschlauches, welcher nach kurzer Erstreckung mit der Bildung einer Sekundärspore abschliesst, können wir gewissermassen eine Verlängerung des Sporenzustandes erblicken (s. o. S. 34 das Citat aus Tulasne). Eine solche Verlängerung wird nothwendig, wenn die Spore sich nicht in einer Lage befindet, die für Conidienbildung günstig und geeignet ist. Umgekehrt ist es in dem eben beschriebenen Falle. Hier ist durch die besonderen Umstände schon die Basidie in eine der Conidienbildung günstige äussere Bedingung versetzt, und sofort sehen wir, dass der Sporenzustand kaum durch das nur erst kurze Sterigma angedeutet, in seinem weiteren Verlaufe aber ganz übersprungen wird. Es kommt gar nicht zur Bildung der Spore, sondern die Conidienbildung tritt bereits an dem Sterigma selbst auf. Diese Beobachtung gewinnt noch an Interesse, wenn man sie im Vergleiche mit der bei Sirobasidium Brefeldianum gemachten, Taf. VI Fig. 46 dargestellten, in Vergleich setzt, wo gleichfalls eine Basidientheilzelle vielleicht in einer als Rückschlag aufzufassenden Weise die Sporenbildung versäumte und einen conidientragenden Faden hervorbrachte.

In der Reihe der mit Conidienlagern auf den Fruchtkörpern ausgestatteten Tremellen verdient weiterhin eine Form Erwähnung, welche mir nicht vollständig genug bekannt geworden ist, um eine selbstständige Benennung nach meiner Ansicht zu rechtfertigen, von der aber Einzelheiten der Erscheinung um deswillen zu verzeichnen sind, weil sie das Gesammtbild der bei Tremella-Arten bisher bekannt gewordenen Conidienformen ein wenig erweitern. Ich fand im Februar 1892, wiederum an morschem Holze eine Reihe von leuchtend orangegelben Fruchtkörpern, welche makroskopisch von denen der Tremella lutescens nicht zu unterscheiden waren. Die gallertige Grundmasse der Fruchtkörper zeigt dieselben, hier etwa 3—4 μ starken, reich verzweigten, frei in Gallerte eingebetteten Hyphen, wie andere Tremellen. Die gesammte Oberfläche aber deckt ein üppiges Conidienlager. Hier verlaufen die Fäden dicht gedrängt parallel in radialer Richtung, und zergliedern sich in kurze, fast isodiametrische, meist etwas angeschwollene Theilzellen. Von diesen Fadengliedern gehen nach allen Richtungen sehr feine Sterigmen aus, welche je eine kuglige Conidie von 3 μ Durchmesser erzeugen (s. Taf. IV Fig. 14). Die Fäden sind von den Conidien oft ringsum vollständig eingehüllt; bringt man sie in Wasser und bedeckt sie mit einem Deckglase, so fallen die meisten Conidien ab, während die Sterigmen sitzen bleiben, jedoch wegen ihrer Feinheit nur mit starker Vergrösserung wahrgenommen werden. Die im Freien aufgefundenen Fruchtkörper lassen ausser den dichten Conidienkrusten nichts erkennen. Als ich sie einige Tage unter feuchter Glocke im Zimmer gehalten hatte, traten an manchen Stellen gerade wie bei Tr. lutescens Glättungen der früher ganz engen und dichten Falten auf. Gleichzeitig wurde hier die Farbe etwas heller, und ich fand nun auch Basidienanlagen (s. d. Fig.). Die Basidien theilten sich weiterhin über Kreuz und an vielen traten auch je vier Sterigmen aus, zur Bildung von Basidiensporen kam es aber nicht. Die Conidien säete ich zu verschiedenen Malen in Wasser und in Nährlösung aus. Aber es trat keine Sprossung oder Keimung ein. Da Tremella durch die Hefesprossung vor allem charakterisirt wird und da bei allen sonst hier in Europa und in Südamerika gefundenen Tremella-Arten diese Sprossung in den von mir angewandten Nährlösungen schnell und leicht auftrat (vergl. nur als Ausnahme Tr. dysenterica), so ist es sehr wahrscheinlich, dass der hier besprochene Pilz eine selbstständige Tremellinen-Gattung darstellt, wofür auch die Conidienbildung an deutlichen Sterigmen durchaus spricht. Er würde von Tremella mit demselben Rechte und derselben Nothwendigkeit zu trennen sein, wie es bei Ulocolla geschehen ist. Eine Entscheidung darüber wird aber nicht getroffen werden können, ehe nicht die Basidiensporen und ihre Keimung zur Beobachtung gebracht sind.

Noch viel vorsichtiger und zurückhaltender als gegenüber

dieser Form, bei welcher wenigstens das Vorhandensein typischer Tremellinenbasidien nachgewiesen werden konnte, muss sich die Beobachtung anderen Conidienformen gegenüber verhalten, bei denen zugehörige Basidien nicht gefunden werden. Mag auch immer die äussere Erscheinung noch so sehr dafür sprechen, dass derartige Formen, wie sie bei jahrelang fortgesetztem Sammeln und Beobachten im Walde häufig angetroffen werden, zu dieser oder jener Gruppe von Pilzen gehören, so bleiben solche Funde doch wissenschaftlich werthlos. Wir können von ihnen keine Förderung unserer Einsichten in den Aufbau des natürlichen Systems der Pilze erwarten, um so weniger, als wir wissen, dass äusserlich sehr ähnliche Conidienformen bei Ascomyceten und Basidiomyceten gleicherweise vorkommen können. Ich habe während meines Aufenthalts in Blumenau eine Reihe von tremellaartigen Conidienfrüchten im Walde beobachtet. An einem faulenden feuchtliegenden Stamme habe ich eine solche 2½ Jahre lang sich stets neu erzeugen sehen. Sie bildete weisse rundliche Schleimklümpchen und enthielt dünne, in Gallerte eingebettete Fäden, welche armleuchterartig verzweigt waren und an ihren Spitzen Conidien bildeten. In Zwischenräumen von jedesmal einigen Wochen habe ich sie regelmässig untersucht, aber niemals die Spur einer höheren Fruchtform daran gefunden. Eine andere Form wieder stellte Bildungen dar, wenig verschieden von den eben beschriebenen, der Tremella lutescens ähnlichen. Aber so sehr sie auch in ihrer ganzen Tracht einer Tremella ähnelte, Basidien wurden nicht daran gefunden. Hierher gehört auch die sogenannte Delortia Patouillard, welche bei Blumenau im Walde eine sehr häufige Erscheinung ist und über die ich oben (S. 35) schon berichtet habe. Will man solche unvollständig bekannte Conidienformen beschreiben, so können sie ihren Platz nur unter den Fungi imperfecti finden, wohin nebst Delortia z. B. auch Septobasidium gehört (vergl. oben S. 35). Es fehlt jeder Anhalt dafür, dass diese Formen den Protobasidiomyceten einzureihen sind. Ich habe auf diese

Dinge hinweisen müssen, damit mir nicht der Vorwurf gemacht werde, ich hätte jene Gattungen ignorirt. Zahlreiche derartige, nach Lage unserer bisherigen Kenntnisse nicht richtig zu beurtheilende Formen sind mir während meiner Arbeiten in Brasilien vorgekommen. Von manchen, die durch merkwürdige Formgestaltung auffielen, habe ich Material und Notizen bewahrt. Ich halte es aber nicht für nützlich, mit neuen Namen für solche unvollkommen bekannten Dinge die Literatur zu beschweren und späteren Forschern, die in der Lage sein werden, die richtige Stellung dieser Pilze und Systeme aufzuklären, die Arbeit zu erschweren.

Tritt irgendwo einmal eine unvollständig bekannte Conidienform als schädlicher Parasit auf, wird sie von erheblicher praktischer Bedeutung, dann wird es im Interesse der Verständigung nöthig, sie auch zu benennen. Liegt solch ein Fall aber nicht vor, so scheint mir die Vermehrung der Arten der Fungi imperfecti ein unnützes Beginnen. Man könnte mit demselben Rechte Blätter oder Rindenstücke von noch unbekannten Urwaldbäumen sammeln und danach neue Dicotyledonen benennen, indem man späteren Sammlern die Mühe zumuthet, wenn sie die Blüthen und Früchte untersucht haben, nachzusehen, ob die zugehörigen Blätter mit einer der schon beschriebenen imperfecten Dicotyledonenspecies übereinstimmen.

Tremella compacta nov. spec. ist eine Form, welche grösste Aufmerksamkeit verdient, einmal wegen gewisser Unregelmässigkeiten in ihrem Hymenium, welche uns zur Beurtheilung der Protobasidiomycetenbasidien sehr werthvolle Fingerzeige liefern, sodann wegen der ganz eigenartigen Conidienerzeugung. Ich reihe sie den mit Conidien auf den Fruchtkörpern versehenen Tremellen an; in vieler Beziehung bildet sie von diesen einen Uebergang zu den übrigen Formen, welche Conidien nur erst bei der Keimung der Sporen hervorbringen. Unsere Figur (Taf. I Fig. 2) stellt den Pilz in natürlicher Grösse dar, links in der Aussenansicht, rechts ein längs durchschnittenes Stück. Er bricht aus der Rinde ganz morscher, fast schon von innen verwester, am Boden liegender Stämme hervor und zeigt, zumal in der Jugend, gehirnartige Windungen und Falten, die anfänglich enge sind und allmählich mit stärkerer Ausbildung des Hymeniums sich glätten und wölben. Die ganze Masse des Fruchtkörpers ist von knorpeliger, ziemlich fester Beschaffenheit und hat ein glasig gallertiges Ansehen. Die Farbe ist hell ocker (Saccardo Nr. 29 in heller Schattirung). Junge Fruchtkörper sind ganz massiv; wenn die Windungen der Oberfläche sich später weiter aufwölben und glätten, so entstehen in ihrem Innern einzelne, nicht mit einander in Verbindung stehende Hohlräume, wie unsere Figur es deutlich zeigt. Wegen seines verhältnissmässig festen knorpeligen Kernes würde der Pilz zur früheren Gattung Naematelia zu stellen gewesen sein. Doch hat Brefeld gezeigt, dass diese Gattung eine Existenzberechtigung nicht beanspruchen kann. Das Hymenium bedeckt in gleichmässiger Schicht die ganze glänzende, fast wie mit einer Glasur überzogene Oberfläche des Pilzes. Die Mehrzahl der Basidien, welche wir antreffen, sind typische Tremellabasidien (Taf. IV Fig. 12c links) von 12—14 μ Durchmesser, die Sterigmen sind wie gewöhnlich von ungleicher, bis 50 μ ansteigender Länge, sie tragen die Sporen mit seitlichem Spitzchen. Die Sporen zeigen die gewöhnliche ovalrundliche Gestalt und haben 6—7 μ Durchmesser. Beim Durchmustern vieler Schnitte durch das Hymenium bemerkt man nun aber, dass abweichend gebildete Basidien hier recht häufig vorkommen. Die Basidien haben eine deutliche Neigung zur länglichen Gestalt. Häufig finden sich solche, welche nur eine Scheidewand ausbilden und dann zwei Sterigmen hervorbringen, und hier steht die Wand dann in der Regel sehr schräg, mitunter fast horizontal, so wie wir sie bei Sirobasidium gefunden haben. Das Allermerkwürdigste ist aber, dass auch zwei Scheidewände in manchen Basidien vorkommen, welche sich nicht kreuzweise schneiden (s. Fig. 12c). Je eine

Basidie wurde gefunden, welche zwei fast horizontal und parallel stehende Wände aufwies und bei der dann die oberste Basidientheilzelle durch eine dritte schräg stehende Wand in zwei Hälften getheilt war (Fig. 12 e rechts). Solche Basidien, wie die hier dargestellten bilden unzweifelhafte Zwischenglieder zwischen Auriculariaceen- und Tremellaceenbasidien; sie beweisen uns handgreiflich die nahe Verwandtschaft dieser beiden, in ihren Extremen scheinbar so grundverschiedenen Basidientypen, sie bilden einen Beweis für die Einheitlichkeit der Klasse der Protobasidiomyceten. Sie ergänzen in willkommenster Weise die bereits bei Sirobasidium festgestellten Anschauungen über den nahen Zusammenhang der verschiedenen Protobasidienformen unter einander.

Die Sporen keimen, indem sie kleine rundliche Hefen aussprossen lassen, meist nur je eine. Die Hefezelle fällt ab, wenn sie erst 2—3 μ Durchmesser hat, schwillt an bis zu einem Durchmesser von 4—5 μ und lässt wiederum eine Tochterhefe hervorsprossen. Sprossverbände kommen nicht zu Stande (s. Fig. 12 f.). Die Hefebildung geht sehr schnell vor sich und der Kulturtropfen füllt sich in 24 Stunden mit einem grauen Niederschlage der runden, etwa 4 μ Durchmesser haltenden Hefen. Ich habe diese Hefen wochenlang in Reihenkulturen gepflegt, ohne jemals eine Fadenauskeimung zu sehen. In schwachen Nährlösungen kommt es vor, dass die Sporen stark aufschwellen, monströse Formen annehmen, auch wohl ein feines Sterigma mit einer Sekundärspore treiben (Fig. 12 d). Auch kommen bisweilen, aber nicht regelmässig bei der Keimung der Sporen Bilder wie Fig. 12 e vor, wo also in der Form noch unregelmässige, von der Spore nicht gleich abfallende Sprosszellen gebildet werden, welche ihrerseits dann die abfallenden typischen Hefezellen erzeugen.

An der Oberfläche, im Hymenium, zwischen den Basidien, findet sich keine Spur von Conidien. Macht man aber dünne Schnitte durch beliebige Stellen des Innern der fleischigen, gallertigen

Fruchtkörpermasse, so erhält man Bilder wie das in Fig. 12a wiedergegebene. Die Hyphen verlaufen hier, wie bei allen Tremellen, eingebettet in Gallerte. Sie sind reich septirt und die einzelnen Gliederzellen sind vielfach bauchig angeschwollen. Nun bemerkt man an den Enden und auch kurz vor den Enden der meisten Theilzellen conidienartige Sprosszellen, welche (s. d. Fig.) eine nicht ganz gleiche, aber wenig um 3—4 μ Länge herumschwankende Grösse und ovale Form besitzen. Sie sitzen an den Fäden ohne Sterigmen. Man findet sie in gleicher Weise überall, aus welchen Theilen des Fruchtkörpers man auch die Probe schneiden mag. Nur in ganz jungen Fruchtkörpern, welche noch keine reifen Basidien tragen, fehlen auch diese conidienartigen Bildungen. Die Anwesenheit dieser Conidien erscheint zunächst unverständlich. Man begreift nicht, was sie sollen mitten in dem festen Fruchtfleisch, wo sie keine Möglichkeit haben, abzufallen oder sich weiter zu entwickeln. Einen Aufschluss über ihr Wesen erhalten wir aber, wenn wir aus einem frischen Fruchtkörper mit einem sorgsam gereinigten Messer derartige Schnitte entnehmen und in Nährlösung übertragen. Hier bemerken wir schon nach 24 Stunden, dass die zerrissenen Hyphen ruhig weiter wachsen und lange Keimschläuche bilden, an deren Scheidewänden meist, jedoch nicht mit unbedingter Regelmässigkeit, Schnallen zu bemerken sind (Fig. 12b). Aus den vorher erwähnten zweifelhaften Conidien aber gehen neue Sprosszellen hervor, welche ihrerseits wieder Hefen erzeugen. Diese an den Fäden des geschlossenen Fruchtkörpers gebildeten Conidien verhalten sich jetzt in jedem Betracht völlig gleich wie die Basidiensporen, wenn sie in Nährlösung ausgesäet wurden. So wie dort fallen auch hier die Hefen sehr schnell und leicht ab. In dem Kulturtropfen bemerkt man jede der ursprünglichen Sprossconidien umgeben von einem undurchsichtigen Haufen zusammenliegender Hefezellen. Deckt man, um eine Zeichnung anfertigen zu können, ein Deckglas darüber, so schwimmen natürlich die meisten losen Hefen davon.

und man erhält das in unserer Fig. 12b dargestellte Bild. Die Uebereinstimmung der aussprossenden Conidien mit den aus den Sporen hervorgegangenen Bildungen, wie sie in Fig. 12f dargestellt sind, ist einleuchtend. Die hier gebildeten Hefen verhalten sich in weiterer Kultur genau wie die aus den Sporen herstammenden.

Genau dasselbe, was hier in unseren künstlichen Kulturen erzielt wird, wenn wir Schnitte aus dem Innern eines noch festen Fruchtkörpers in Nährlösung übertragen, genau dasselbe wird sich in der Natur vollziehen, wenn der Fruchtkörper überreif wird und dann in flüssige Schleimmasse sich verwandelt. Dann gewinnen jene oben beschriebenen (Fig. 12a) Sprossconidien Raum und beste Gelegenheit, Hefen in unbegrenzten Massen aussprossen zu lassen, und diese Hefen können sich in dem zerfliessenden Schleim des Fruchtkörpers nach allen Seiten ausbreiten.

So bietet uns die Tremella compacta einen ganz neuen und eigenartigen Typus der Conidienerzeugung dar, dessen Verständniss durch die Berücksichtigung der Besonderheiten dieses gallertigen, bei der Reife zerfliessenden Tremella-Fruchtkörpers ermöglicht wird.

Tr. undulata Hoffmann (= Tr. frondosa Fr.). Auf der Taf. II Fig. 1 habe ich in halber natürlicher Grösse ein photographisches Abbild dieses stattlichen Zitterpilzes wiedergegeben, wie er nach mehreren Regentagen an einem morschen Stamme auf der sogenannten scharfen Ecke bei Blumenau am 1. März 1893 gesammelt wurde. Die rothbraune Farbe und die grosslappige Ausbildung der Fruchtkörper machte die nahe Verwandtschaft des Pilzes mit den von Fries als „Mesenteriformes" zusammengefassten Tremella-Arten sehr wahrscheinlich. Im Systema mycologicum II S. 212 finden sich die drei hier in Betracht kommenden Arten fimbriata, frondosa und foliacea aufgeführt, denen sich in den Hymenomycetes Europaei S. 690 noch Tr. nigrescens anschliesst.

Die von der Farbe und der Gestalt der Fruchtkörper hergenommenen Unterscheidungsmerkmale dieser Formen lassen eine sichere Trennung nicht zu. Inzwischen ist die Tr. foliacea durch Brefelds Untersuchungen als neue Gattung Ulocolla durch eigenartige Conidienfruktifikation erkannt und abgetrennt worden. An demselben Stamme, ja an demselben Rindenspalt, aus der der hier abgebildete Fruchtkörper hervorgebrochen ist, hatte ich einen Monat früher einen kleineren Fruchtkörper gesammelt, auf den die Beschreibung der Tr. frondosa Fr. passte: basi plicata, lobis gyroso-undulatis. Das abgebildete Exemplar dagegen, welches unzweifelhaft auf dasselbe unter der Rinde in dicker Schicht vegetirende Mycel zurückging (bei Tr. foliacea, gleich Ulocolla foliacea Brefeld, die in der Tracht grosse Aehnlichkeit mit dem uns hier vorliegenden Pilze aufweist, heisst es darum sehr treffend: Junior sub cortice nidulat applanata) entsprach genau der Tr. fimbriata, wie man sich an der Photographie leicht überzeugen kann: corrugata, lobis flaccidis, margine incisis, undulato-fimbriatis. Schröter hat nun schon S. 396 der „Pilze Schlesiens" eine jedenfalls sehr richtige Zusammenziehung eintreten lassen, indem er für den Namen Tr. frondosa Fr. den älteren Hoffmannschen Tr. undulata (1787) wiederherstellte, welch letzteren Fries selbst als synonym zu seiner fimbriata aufführte. Eine sichere Beurtheilung der Form ist aber erst möglich geworden durch Brefelds Untersuchungen, in denen die Resultate der Kultur auf das genaueste angegeben sind (Bd. VII S. 120–123).

Indem ich nun gleichfalls die Kulturen der brasilischen Tremella einleitete, so überzeugte ich mich von der Uebereinstimmung meines Blumenauer Pilzes mit dem von Brefeld unter dem Namen Tr. frondosa Fr. a. a. O. untersuchten. Die Basidien haben 12 μ grössten Durchmesser. Die Grösse der Sporen fand ich in Uebereinstimmung mit der Schröterschen Angabe nur 5–7 μ. Die Hefen sprossen unmittelbar aus der Spore und fallen alsbald ab, um üppig weiter zu sprossen. Alle Einzelheiten der Keimungserscheinungen in Wasser und Nährlösung, wie sie bei Brefeld a. a. O. angegeben sind, bestätigte ich in vielen Kulturen, und es kann hiernach wohl für sicher gelten, dass wir die Tr. undulata Hoffmann (Tr. frondosa Fr.) den gleicherweise in Europa und Südamerika vorkommenden Pilzen anzureihen haben, deren Zahl mit der Zeit immer grösser zu werden scheint.

Wie schwer es bei unseren Pilzen ist, die Uebereinstimmung eines in Südamerika gefundenen mit einer europäischen Art über allen Zweifel sicher zu stellen, darauf habe ich schon bei Pilacre Petersii, f. bras. und bei Tremella lutescens f. bras. hingewiesen. Dennoch ist es von hohem Werthe, allmählich durch derartige Untersuchungen immer mehr Material für eine Mycogeographie zusammen zu bringen. Zweifellos wird die Anzahl der auf der ganzen Erde oder wenigstens in bestimmten Breiten rings um die Erde vorkommenden Pilze sich stetig mehren. Florengebiete, die unter den Phanerogamen kaum einige wenige Formen gemeinsam haben, werden eine grosse Anzahl von Pilzen gleicherweise besitzen, und welche Schlüsse ein weiteres nach dieser Richtung fortgesetztes Studium ermöglichen wird, lässt sich vorläufig nur ahnen. Jedenfalls verlohnt es der Mühe, derartiges Material zu sammeln.

Tremella auricularia nov. spec. Diese Tremella bietet uns wiederum ein Beispiel, welches klar zeigt, wie ohne künstliche Kultur der Sporen eine sichere Beurtheilung dieser in ihrer Fruchtkörpergestalt so wandelbaren Pilze gar nicht möglich ist. Sie hat die grösste Aehnlichkeit mit der Tremella undulata in Form, Farbe und Grösse. Wie jene bricht sie aus der morschen Rinde abgestorbener Bäume hervor. Sie bildet bereits unter der Rinde dicke, unförmliche Gallertpolster, welche die überliegenden Rindenschuppen oft stark emporddrücken. Die hervorbrechenden blattartigen, rundlichen, braunen Lappen gleichen denen der Tremella undulata, sind aber ein wenig fester, knorpeliger als jene. Sie sind wellig verbogen und es finden sich Bildungen darunter, welche durch Form, knorpelige Beschaffenheit und Farbe täuschend an kleine glatte Fruchtkörper der Auricularia auricula Judae erinnern. Von dieser Aehnlichkeit wurde der Artname hergeleitet. Die bei jung angelegten Fruchtkörpern hellere Farbe (Saccardo Chromotaxia 11 mit einem Stich nach 31) wird bei dem schnell eintretenden Erweichen und Zerfliessen dunkler. Die Basidien und Sporen bieten nichts Besonderes. Erstere haben im Durchschnitt 15 μ Durchmesser, die birnenförmigen Sporen 10—12 μ. Diese Maasse sind nun freilich etwas grösser als bei Tr. undulata, indessen würde ich doch grosses Bedenken getragen haben, daraufhin allein eine neue Tremella zu begründen. Bei Untersuchung vieler Tremellen nimmt man gar bald wahr, dass die Abmessungen besonders der Sporen keineswegs so beständig sind, wie es im Allgemeinen bei Basidiensporen der Fall zu sein pflegt. Es kommt ferner hinzu, dass die keimende Spore bald mehr, bald weniger anzuschwellen pflegt, dass ferner eine in Wasser ausgekeimte, nachdem sie eine Reihe von Conidien hervorgebracht hat, leicht zusammenfällt und kleiner erscheint. Auch ergeben sich geringe Unterschiede in den Maassen, wenn man frisches Material mit solchem, das lange trocken aufbewahrt wurde, vergleicht. Die Sporenmaasse an sich sind also nicht genügend für eine Charakterisirung der Tremella-Arten. Beobachtet man nun aber die Keimung unserer Tr. auricularia, so ist im ersten Augenblicke klar, dass sie von Tr. undulata getrennt werden muss. Bei dieser letzteren sahen wir, dass die Hefeconidien, so wie es Brefeld beschrieben und abgebildet (Bref. VII, Taf. 8 Fig. 2—4) hat, unmittelbar aus der Spore sprossen, dann abfallen und weiter sprossen. Bei Tr. auricularia bedeckt sich dagegen die Spore mit rundlichen Aussackungen (Taf. IV Fig. 16 dieses Heftes), welche mit ihr verbunden bleiben, und erst an diesen Aussackungen werden die Hefen gebildet, welche demnächst abfallen und hefeartig in unendlichen Generationen aussprossen. Dies Verhalten ist dasselbe, welches wir von Tr. lutescens her kennen (Bref. VII, Taf. VII Fig. 9 u. 10 und Taf. IV Fig. 15 dieses Heftes). Der Durchmesser der Aussackungen beträgt 4—6 μ, die rundlichen Hefen, welche in reinen Kulturen schnell dicke, graue Niederschläge bilden, haben 3 μ Durchmesser. Gelegentliche dünne und schwächliche Fadenauskeimungen wurden zumal in erschöpften Nährlösungen beobachtet. Die Reinkulturen der Hefen setzte ich etwa 14 Tage lang fort und brach dann die Versuche ab. Die erste Beobachtung dieser Tremella fand im April 1892 statt, die Versuche wurden mit neuem, im December desselben Jahres gesammelten Material mit gleichem Ergebniss nochmals wiederholt. Sekundärsporenbildung war hier wie fast stets häufig.

Tremella fuciformis Berk. Eine grosse Anzahl von Beschreibungen neuer Tremella-Arten ist, wie schon erwähnt, werthlos und für die Wiedererkennung der Art unbrauchbar, weil genaue Angaben über die Gestaltung des Hymeniums, über die Form der Basidien, Sterigmen und Sporen fehlen, ganz zu geschweigen von dem überall empfindlich auftretenden Mangel an Angaben über die Keimungserscheinungen, und weil in der äusseren Formgestaltung der Fruchtkörper bei dieser Gattung meist kein Anhalt für eine bezeichnende Beschreibung gefunden werden kann. Fast überall haben wir es mit mehr oder weniger unbestimmt geformten gallertigen Massen zu thun, an deren Oberfläche gehirnartige Windungen und Falten auftreten. Diese allgemeine Beschreibung gilt gleichmässig für eine sehr grosse Anzahl höchst verschiedener Tremella-Formen. Die Tremella, um welche es sich hier handelt, besitzt dagegen eine so bestimmte Form, dass sie daran allein ohne genaue Untersuchung mit ziemlicher Sicherheit wieder erkannt werden kann, und nur diesem Umstande verdankt sie es, dass sie nicht von jedem nachfolgenden Sammler unter neuem Namen beschrieben wird, sondern ihren ersten Namen behält, den Berkeley ihr im Jahre 1856 in Hook. London Journ. 1856 S. 277, Dec. of fungi Nr. 614 mit einer (wissenschaftlich werthlosen) sehr kurzen Diagnose beigelegt hat. Diese Diagnose lautete: Alba, caespitosa, 2,5 cm et ultra alta, repetite lobata vel furcata cum lobis, ultimis exceptis, flabelliformi-dilatata. Nach dieser Beschreibung wäre unser Pilz wohl kaum wieder erkannt worden, wenn nicht der Autor noch die Bemerkung darunter gesetzt hätte: Chondrum crispum aemulat. Diese letzte Bemerkung führte Herrn P. Hennings auf den richtigen Weg, als er im August 1890 im Palmenhause des botanischen Gartens zu Berlin auf einem Holzstücke, an dem eine epiphytische Aracee kultivirt wurde, eine grosse, schöne, weisse Tremella fand, „fast von Aussehen und Grösse einer gefüllten weissen Azaleenblüthe". Wahrscheinlich war die Tremella mit eben jenem Holzstücke aus Kamerun nach Berlin eingeführt worden. Sehr interessant war es nun, dass der fremde Einwanderer sich in den folgenden Jahren in mehreren Warmhäusern des botanischen Gartens verbreitete und auch an Stammstücken verschiedener europäischer Laubhölzer, so an Ulmen, Eschen, Pflaumen u. s. w. auftrat. Herr Hennings berichtete über den schönen Fund auf der Versammlung des Botanischen Vereins für die Provinz Brandenburg im Jahre 1894 zu Templin. Er konnte von einem Ulmenstammstück, dessen eine Seite etwa einen Fuss hoch mit dem Pilze bewachsen war, von Ende Oktober 1893 bis Anfang Mai 1894 fast regelmässig alle acht Tage Fruchtkörper ernten. Das auf der genannten Versammlung zur Ansicht vorgelegte Stück war auf einem Pflaumenstamme gewachsen und durch besondere Grösse und Schönheit ausgezeichnet. Es maass in frischem Zustande reichlich 50 cm im Umfange, 15 cm im Durchmesser, 7 cm in der Höhe (alles nach Herrn Hennings Angaben).

Niemand in der Versammlung war wohl unmittelbarer von dem Vortrage gefesselt als ich, denn ich erkannte sofort, dass es sich um eine Tremella handelte, welche ich in der Umgebung von Blumenau zu allen Zeiten des Jahres an geschlagenen oder faulenden Holzstücken verschiedener Herkunft häufig gesammelt und monatelang kultivirt hatte. Auffallenderweise führte sie auch in meinen vorläufigen Aufzeichnungen den Namen Tr. carragheniformis; denn als Dr. Fritz Müller mich einmal besuchte und mich mit diesem Zitterpilze beschäftigt fand, meinte er: „Die sieht ja genau wie Caraghen aus." Einen besseren Beweis für das Zutreffende der 1856 von Berkeley gegebenen Bemerkung „Chondrum crispum aemulat" konnte ich nicht wünschen.

Bemerkenswerth für die Form ist noch die von Herrn Hennings zuerst hervorgehobene chromgelbe Farbe des unteren strunkartigen Theiles grosser Fruchtkörper, mit welchem sie der Unterlage anhaften, und auch diese Farbe entsann ich mich deutlich, bei vielen brasilischen Stücken bemerkt zu haben.*) Die Untersuchung des Hymeniums ergab aber nun auch die nothwendig nachzuweisende völlige Uebereinstimmung des Pilzes aus dem Botanischen Garten zu Berlin mit meinen brasilischen Fundstücken, in den Basidien, Sterigmen und Sporen.

Das Hymenium bedeckt die Lappen des Pilzes allseitig. Die rundlichen Basidien haben 9—12 μ Durchmesser. Unter den normal viertheiligen werden nicht eben selten solche, die nur zweitheilig sind, bisweilen auch dreitheilige angetroffen (vergl. Brefeld S. 89). Die Länge der Sterigmen ist, wie gewöhnlich, schwankend. Ausnahmsweise wurden sie bis 60 μ lang gefunden, die meisten erreichen kaum die Hälfte dieser Länge. Die Sporen sind von der charakteristischen Tremella-Gestalt und haben 5—7 μ Durchmesser. Sie werden von reifen Fruchtkörpern in ungeheueren Mengen abgeworfen und können leicht rein aufgefangen werden. In der Keimung schliessen sie sich am nächsten an Tr. mesenterica an. Wie bei dieser, so sprossen auch hier im Wasser, wie in Nährlösungen kleine, etwa 2 μ lange, ovale Hefen unmittelbar aus der Spore, ohne dass eine sterigmaartige Aussackung vorherginge, wie sie für Tremella lutescens u. a. so charakteristisch ist. Die Hefen fallen alsbald von der Spore ab und sprossen weiter. Nur selten sieht man eine bereits an der Spitze weitersprossende Hefe der Spore noch ansitzen. Nie-

*) Eine in ähnlicher Weise auftretende, aber gründliche Färbung zeigt Tremella genistae Lib. (vergl. Brefeld VII. Taf. VIII Fig. 8).

mals kommen grössere zusammenhängende Sprossverbände vor, jede neue Zelle löst sich sofort von der Mutterzelle ab. In Nährlösung geht die Sprossung so schnell voran, dass im Laufe einer einzigen Nacht der Kulturtropfen sich mit einem makroskopisch sichtbaren dichten, grauen Niederschlage füllt. Die Hefen sammeln sich am Boden des Kulturtropfens, während die Basidiensporen nur oben schwimmen. Die allerersten aus der Basidienspore keimenden Sprosszellen sind bisweilen etwas länger als angegeben und gleichen kurzen Fadenstücken, aber schon die nächstgebildeten nehmen die bestimmte Form und Grösse an. Die so gebildete echte Hefe habe ich vom 12. April 1891 an bis in den August in Kultur gehabt. Jedesmal nach zwei Tagen, wenn ein Kulturtropfen mit dem Hefeniederschlag erfüllt war, übertrug ich einige wenige Hefen daraus in einen neuen Tropfen. In dieser ganzen Zeit blieb die Hefe constant, niemals traten Fadenauskeimungen ein. Sekundärsporenbildungen kamen häufig vor, sowohl in Wasser, wie auch in Nährlösungen. Es ereignete sich regelmässig, dass in den Aussaaten der grösste Theil der Sporen mit Hefen keimte, während ein kleinerer Theil derselben Sporen, die sich in demselben Flüssigkeitstropfen befanden, einen Keimschlauch trieb, an dessen Ende die Sekundärspore gebildet wurde. Hierbei wurde einige Male festgestellt, dass der Keimschlauch sich gabelte und an jedem seiner Enden je eine Sekundärspore auftrat (Taf. IV Fig. 15). Dieselbe Beobachtung ist auch schon bei Tr. auricularia gemacht worden (Taf. IV Fig. 16). Es ist dabei zu erwähnen, dass solche Gabelungen auch bei Sterigmen vorkommen (s. z. B. Tulasne Ann. sc. nat. 1853 Bd. 19. 3. Série Pl. 12 Fig. 9). Wir erkennen hieran wiederum, dass die Sekundärsporenbildung nichts ist, als eine Wiederholung des Vorganges, welcher sich beim Austreiben des Sterigmas und Bildung der Spore aus dem Inhalte der Basidientheilzelle abspielt (s. auch oben Seite 32—34). Befindet sich eine abgefallene Spore in einer ungünstigen Lage, unter einer Flüssigkeitsschichte z. B., welche ihr die Keimung unmöglich macht, so hat sie in der Wiederholung desselben Vorganges, welchem sie ihre Entstehung und aus Lichtbeförderung aus dem inneren gallertiger Fruchtkörper verdankte, ein nützliches Mittel, eine günstigere Lage für die Keimung zu erreichen.

Die Photographie Taf. I Fig. 5 stellt ein kleines, bei Blumenau gesammeltes Exemplar des Pilzes dar. Von der Wiedergabe der Zeichnungen, welche die Keimung und Hefesprossung darstellen, meinte ich hier, wie auch bei den meisten folgenden Arten absehen zu sollen, da wir diese Vorgänge bei Brefeld in mustergültiger Weise bereits dargestellt vorfinden, und die jeweils vorkommenden Abweichungen bei den einzelnen Formen sich durch Worte genügend klar darstellen lassen.

Tremella fibulifera nov. spec. ist nach meinen Beobachtungen die in der Umgebung Blumenaus häufigste aller Tremellinen, welche ich zu allen Zeiten des Jahres an faulendem Holze von Palmiten (Euterpe) und Imbauben (Cecropia), aber auch auf anderem unbekannten Substrate sammelte. Die Fig. 3 Taf. II giebt meine nach einem schönen frischen Exemplar angefertigte Photographie in natürlicher Grösse wieder. Kennt man einen Standort dieser Tremella, so braucht man ihn nur nach jedem starken Regengusse wieder aufzusuchen, um in oftmaliger Wiederholung Fruchtkörper sammeln zu können. Diese Fruchtkörper, deren Gestalt durch die Abbildung dargestellt ist, sind ausserordentlich zart, weiss, glibbrig, wässerig, fast durchscheinend und von sehr kurzer Dauer. Sie zerfliessen manchmal schon nach einem Tage zu einer breiigen Masse. Unter den bekannten Formen dürfte diese äusserlich mit Tr. alabastrina Brefeld die grösste Aehnlichkeit haben.

Wenn man einen Theil ihres ganz weichen Fruchtkörpers zerdrückt und unter das Mikroskop bringt, so sieht man an fast jeder Scheidewand der durch die Gallerte verlaufenden Hyphen eine sehr grosse Schnallenzelle. In solcher Regelmässigkeit und Häufigkeit wie hier, habe ich die Schnallen bei keiner anderen

Tremella gefunden, und desshalb die neue Form Tr. fibulifera benannt. Auffällig sind die Schnallen noch dadurch, dass sie nicht, wie sonst meist, sich den Hyphenwandungen anlegen, sondern von ihnen abstehen und also ein wirkliches Oehr bilden. Die Basidien haben 12–16 μ Durchmesser, die Sterigmen von wechselnder Länge erreichen 140 μ, sie sind in der mehrfach beschriebenen Weise nach dem Ende keulig verdickt, dann fein zugespitzt, und tragen mit dem seitlich anliegenden Spitzchen die typische Tremellaspore von 7—10 μ Durchmesser. Die zu wiederholten Malen angestellten und einmal durch zwei Monate fortgesetzten Kulturen ergaben folgende Resultate: Sekundärsporenbildung wurde nie beobachtet; bei Keimung im Wasser bilden sich an der Spore wenige, meist nicht mehr als drei, rundliche Aussackungen von 4 μ Durchmesser, an diesen Aussackungen bilden sich nach dem Typus der Tremella lutescens kleine Conidien von 2 μ Durchmesser in grosser Zahl, welche abfallen, aber nicht weiter sprossen. Diese Bildungen gehen so lange fort, bis der Inhalt der Spore und der Anschwellungen völlig verzehrt ist. Bei der Keimung in Nährlösung schwillt die Spore ein wenig an und bedeckt sich ringsum mit zahlreichen Aussackungen. Diese erzeugen Conidien in ausserordentlich grosser Zahl, welche abfallen, dann anschwellen zu runder Form von 3,5 μ Durchmesser und nun hefeartig unbegrenzt weitersprossen. Die Hefe bildet grosse Sprossverbände, welche aber sehr leicht, z. B. beim Auflegen des Deckglases, aus einander fallen. Es kommt gelegentlich vor, dass später abfallende Conidien auch unmittelbar neben den grösseren nicht abfallenden Aussackungen an der Keimspore gebildet werden.

Ein einziges Mal wurde ein nur sehr kleiner Fruchtkörper dieser Art gefunden, dessen Gallerte durch und durch hell grünlich gefärbt war. Im übrigen unterschied er sich nicht, auch in der Keimung der Sporen nicht, von der gewöhnlichen weissen Form.

Tremella anomala nov. spec. ist von mir nur in sehr unscheinbaren, wenig auffälligen Fruchtkörpern gefunden worden, sie lenkte aber meine besondere Aufmerksamkeit auf sich durch die Form ihrer Hefeconidien, welche durchaus eigenartig ist und unter den bisher bekannten Tremellaformen ihres gleichen nicht hat. Unsere Tremella fand sich an todten Zweigen am Boden des Waldes und bildete dort kleine, nur dünne Schleimklümpchen mit gehirnartigen Windungen und Falten auf der Oberfläche, wie sie so vielen anderen Tremellen auch zukommen. Ihre Farbe ist hell, fast durchscheinend, schmutzig gelblich. Die grössten Fruchtkörper hatten nicht mehr als $1\frac{1}{2}$ cm Länge bei $\frac{1}{2}$ cm Breite. Die Untersuchung des Hymeniums, welches die ganze Oberfläche überzieht, liess den für die Gattung im allgemeinen typischen Bau erkennen. Die kugligen Basidien haben 10 μ Durchmesser, die Länge der Sterigmen schwankt sehr, bis zum vierfachen des Basidiendurchmessers, die runden, mit dem charakteristischen Spitzchen ansitzenden Sporen haben 6 μ Durchmesser. Die vom Fruchtkörper abgeworfenen und aufgefangenen Sporen keimen schon nach wenigen Stunden in feuchter Luft oder in Wasser mit einem schwächlichen Keimschlauche (Taf. IV Fig. 11 b). In geeigneten dünnen Nährlösungen treten aus der Spore, und zwar meist an mehreren Stellen auf einmal, hefesprossartige Zellen. Sie treten aus einer feinen Oeffnung der Spore, verdicken sich dann, spitzen sich wieder zu, erreichen nur geringe Länge und lassen dann in gleicher Weise neue Sprosse hervortreten, ohne sich von der Keimspore zu trennen. Die Sprosszellen haben sehr ungleiche Gestalt und Grösse (s. d. Fig. 11), einige sind gerade, andere gekrümmt, auch ist auffällig, dass der Ort der Aussprossung noch nicht genau bestimmt ist; obschon er meist an der Spitze liegt, so können doch auch seitwärts Sprosse austreten, wie die Fig. zeigen.

Bereits am zweiten auf die Aussaat folgenden Tage sind um jede gekeimte Spore herum ziemlich reichverzweigte Sprossverbände gebildet (Fig. 11 a), die um so üppiger entwickelt sind, je stärker die angewandte Nährlösung war. Hie und da finden sich nun auch aus dem Verbande freigewordene einzelne umherliegende Sprosszellen, die ihrerseits in derselben Weise weitersprossen (s. d. Fig.).

Vom dritten Tage ab bemerkt man an den neu entstehenden Hefezellen eine grössere Bestimmtheit und Gleichmässigkeit der Form und Grösse. Die durchschnittlichen Maasse sind jetzt etwa 6 μ Länge bei 1½ μ Breite. Auch ist der Ort der Aussprossung nun in der Mehrzahl der Fälle bestimmt und auf die spitzen Enden beschränkt. Der Zusammenhang der gebildeten Sprosskolonien ist ungewöhnlich fest, zumal wenn starke Nährlösungen angewendet werden. Hier bilden sich dicke, undurchsichtige Klumpen von Sprossverbänden, in denen natürlich bald die Keimspore nicht mehr zu sehen ist. Zerdrückt man solche Klumpen unter dem Deckglase, so zerfallen auch dann noch nicht die Verbände, vielmehr sieht man jetzt Fäden von aneinander gereihten Sprossen, welche durchaus an reich septirte und an den Wänden eingeschnürte Hyphen erinnern, wie solche bei Ascomyceten häufig vorkommen und im X. Bande der Brefeldschen Untersuchungen mehrfach dargestellt worden sind.

Im grossen Ganzen gewinnt es den Anschein, als sei die Hefesprossung bei dieser Form noch auf einer geringeren Höhe der Ausbildung, als sie den meisten übrigen Tremellen eigen ist.

Da von den entwickelungsgeschichtlich bisher untersuchten Formen keine diese längliche Gestalt der Hefen zeigt und auch keine so fest zusammenhängende Sprosskolonien bildet, so hielt ich es für nothwendig, in diesem Falle die erforderlichen Zeichnungen (Fig. 11) beizugeben.

Die Kulturen wurden über einen Monat lang (Juni-Juli 1891) gepflegt. Nur in seltenen Fällen traten bei Erschöpfung der Nährlösungen schwache Fadenkeimungen der Conidien auf.

Tremella spectabilis nov. spec. nenne ich die ansehnlichste der bei Blumenau beobachteten echten Tremella-Arten. Sie wurde nur ein einziges Mal, am 19. Juni 1892, also in der kühleren Jahreszeit, an morschem Holze (im Thal der Velha) in mehreren

Exemplaren gefunden. Mehrtägiger Regen war vorangegangen (39 mm Regenhöhe an den sechs vorhergehenden Tagen). Der Pilz, dessen schönstes Stück auf Taf. III Fig. 2 in $^7/_{10}$ der natürlichen Grösse abgebildet ist, bildet unregelmässige Anhäufungen von mit einander verwachsenen, grossen, glatten, blasig aufgetriebenen, innen hohlen, gallertigen, doch ziemlich festen Falten und Lappen. Die Farbe war hell ockergelb (Saccardo Chromotaxia 29). Der ganze Pilz ist mit dem Hymenium überdeckt, welches alle typischen Eigenthümlichkeiten der Gattung Tremella aufweist. Die Sporen sind länglich, 10 μ lang, 5—6 μ breit, die Basidien haben 13—15 μ Durchmesser, die Sterigmen sind von sehr ungleicher, bis zu 50 μ ansteigender Länge. Die kolbige Anschwellung derselben unter der Spitze war hier sehr stark und oftmals fast monströs, auch jene verzweigten Sterigmen, welche bei Tulasne und Brefeld schon oftmals abgebildet sind (vergl. z. B. Brefeld VII. Taf. VII Fig. 14) kamen hier ganz besonders häufig vor.

Die Spore, in Nährlösung aufgefangen, schwillt wenig an und lässt wenige, nicht mehr als drei, Sprossconidien austreten, welche sofort abfallen. Nachträglich mögen noch mehr gebildet werden, doch findet man nicht mehr auf einmal der Spore ansitzend. Die primären abgefallenen Conidien haben längliche Gestalt und sprossen hefeartig sofort weiter. Allmählich nimmt die gebildete Hefe eine bestimmte, und zwar kuglige Form mit 4—5 μ Durchmesser an und erfüllt mit derartigen Sprosszellen im Laufe von zwei Tagen den ganzen Kulturtropfen. Aber es kommen nicht die kleinsten Hefecolonien zu Stande. Jede Sprosszelle trennt sich sofort von der Mutterzelle, ehe sie wiederum aussprosst. Einzig und allein an der Spore bleiben bisweilen zwei oder drei Sprosszellen länger sitzen, und diese erreichen auch wohl bedeutendere Grösse (bis 9 μ) als sie den späteren Hefen eigenthümlich ist. Die Hefen wurden nur eine Woche lang in reinen Kulturen weiter gezüchtet. Fadenkeimung trat nicht ein.

Tremella fucoides nov. spec. bildet auf morschem Holze unregelmässige, im Ganzen längliche, zittrig gallertige, gelbbraune, nach den Enden zu stumpf, zweitheilig oder auch geweihartig endende hohle, bis zu 3 cm lange, $1\frac{1}{2}$ cm im Durchmesser haltende Blasen mit dünnen, durchscheinenden Wänden; sie stehen zu mehreren in büschelartigen Gruppen beisammen und sind oftmals am Grunde mit einander verwachsen. Die auf Taf. II Fig. 2 in $\frac{2}{3}$ der natürlichen Grösse dargestellten Stücke wurden am 21. März 1892 gesammelt (im Thale der Velha). Wenige Tage später wurde dieselbe Form an einer weit entlegenen Stelle, und im Februar 1893 wiederum an einem anderen Standorte gefunden. Die Fruchtkörper schiessen nach regnerischem Wetter in sehr kurzer Zeit hervor, und ihr Vorkommen scheint auf die warme Jahreszeit beschränkt zu sein. Die Wandstärke der durchsichtigen hohlen Lappen beträgt nur $\frac{1}{2}$ mm. Die Tremella erinnert in ihrem Aeusseren an Fucus vesiculosus und wurde hiernach benannt. Die Basidien haben etwas mehr längliche Form, als sonst bei Tremellen die Regel ist, und messen 10—15 μ im Durchmesser. Die Länge der Sterigmen ist sehr unbestimmt. Sie reichen oft noch eine verhältnissmässig bedeutende Strecke über das Hymenium hinaus und erreichen in den gemessenen Fällen bis 100 μ Länge. Die Sporen sind 8 μ lang, 6—7 μ breit (Taf. IV Fig. 17). Keimt die Spore im feuchten Raume, so sprossen unmittelbar Conidien aus. Tritt die Keimung aber in Wasser oder Nährlösung ein, so treibt aus der Spore eine Art dünnen Sterigmas, welches an seiner Spitze die Conidien bildet, die alsbald abfallen und hefeartig weitersprossen; solche Bildungen erinnern sehr an die Conidienbildung bei Dacryomyces, wie sie sich z. B. bei Brefeld VII, Taf. X Fig. 8 und 11 dargestellt finden; oder aber es tritt aus der Spore ein mehr oder weniger auswachsender, in der Form wenig bestimmter Keimschlauch, an dem die Conidien auftreten. Auch beide Keimungsarten an ein und derselben Spore wurden beobachtet (vergl. Fig. 17 Taf. IV). Die Hefen, deren normale Länge 6 μ ist, sprossen in unendlichen Generationen weiter; grössere Hefeverbände kommen nicht zu Stande. Der Ort der Aussprossung liegt nicht immer regelmässig an den Polen der eiförmigen Zellen. Auch diese Tremella also besitzt eigenartige und bestimmte Merkmale in der Art ihrer Conidienerzeugung.

Es ist nicht unmöglich, dass die von Fries (Nov. Symb. Myc. Mant. S. 125) beschriebene, von Liebmann in Mexico gesammelte Tremella inflata mit unserer Form nahe verwandt oder gleichbedeutend ist. Eine Gewissheit hierüber ist indessen nicht zu erlangen, da in Anbetracht der unbestimmten wechselnden Formen aller Tremellen ohne Kultur der Sporen eine sichere Unterscheidung der Arten ganz ausgeschlossen ist.

Tremella damaecornis nov. spec. ist besonders bemerkenswerth durch die äussere Form und Konsistenz ihrer Fruchtkörper, welche durchaus an gewisse Dacryomyceten (Calocera) erinnert, aber weit abweicht von der für Tremella sonst charakteristischen Erscheinung. Aus trockenen Rindenstücken bricht der Pilz (Taf. IV Fig. 9) nach feuchtem Wetter hervor und entwickelt sich zu kleinen, unregelmässig gestalteten, mit geweihartigen (an die Schaufeln des Damhirsches erinnernden) Endigungen versehenen, aufrecht stehenden Lappen, welche an den beobachteten Stücken nicht über 11 mm Höhe und ebensoviel Breitenausdehnung erreichten. Sie sind knorpelig, gallertig, zähe, von hellgelber, durchsichtiger Farbe (Saccardo 24 durchsichtig) mit einem leichten Stich ins Grünliche. Diese Farbe ist auf die dichte Hymeniumschicht beschränkt, welche den Fruchtkörper allseitig überkleidet. An älteren Exemplaren erscheinen manche Stellen gleichsam grau bereift von den zahlreichen abgeworfenen aufliegenden Sporen.

Die mikroskopische Untersuchung des Pilzes ergab ganz gegen meine Erwartung typische viertheilige Tremellabasidien von 7 bis 9 μ Durchmesser, kurze Sterigmen von etwa 15 μ Länge und Sporen, welche die bekannte rundlich-ovale Form bei 5—7 μ Durchmesser aufwiesen.

Die Sporen keimten wenige Stunden nach der Aussaat und zeigten nicht alle genau gleiches Verhalten. Bei der überwiegenden Mehrzahl sprossen Hefen, nicht mehr wie drei auf einmal, unmittelbar aus der Spore und lösen sich alsbald ab, um in unendlichen Generationen fortzusprossen. Es bilden sich graue Hefeniederschläge, die Hefen erlangen allmählich ziemlich constante Grösse, nämlich 4—5 μ Länge und 3 μ Breite. Sprosskolonien werden nicht gebildet. Bei vielen Sporen entstehen kurze Keimschläuche (1 oder 2), welche 3 μ Dicke und etwa die dreifache Länge der Spore erreichen und an ihrem Ende dann ihrerseits Hefen aussprossen lassen. Auch kann gleichzeitig an einem Ende der Spore ein solcher Keimschlauch austreten (welcher in seinem morphologischen Werthe den bei Tr. lutescens am schönsten ausgebildeten sterigmaartigen runden Aussackungen der Sporen entspricht), während das andere Ende unmittelbar Hefen austreten lässt. Sekundärsporenbildung wird häufig beobachtet. Einfache kümmerliche Fadenauskeimung von Sporen sowohl als von Hefen kam gleichfalls vor, und zwar am ehesten in hoch concentrirten Nährlösungen. Doch bildeten sich niemals verzweigte Mycelien. Ich zog die ungemein schnell sich vermehrenden Hefen in täglich neu angesetzten Reihenkulturen acht Tage lang und brach dann die Versuche ab, da die sonst gesammelten Erfahrungen von einer Fortsetzung der zeitraubenden Arbeit kaum weitere Ergebnisse erhoffen liessen.

Jeder Systematiker würde diese Form nach dem äusseren Ansehen zu den Dacryomyceten verweisen. Wenn ihn dann die Untersuchung des Hymeniums belehrte, dass sie bei den Tremellaceen ihren natürlichen Platz zu finden habe, so würde er immer noch Bedenken tragen müssen, sie gerade der Gattung Tremella anzuschliessen, von deren bekannten Vertretern sie sich so handgreiflich unterscheidet. Allein die Kultur der Sporen, welche uns die unendlich sprossende Hefe liefert, löst alle Zweifel und bestimmt die echte Tremella.

Tremella dysenterica nov. spec. Diese Form wurde zu wiederholten Malen im Februar und März 1892 und 1893 auf faulenden, am Bachufer, fast im Wasser liegenden Zweigstücken gesammelt. Sie bildet weichschleimige Gallertmassen von wenigen Centimetern Ausdehnung in unregelmässiger Begrenzung und in allen beobachteten Fällen nicht mehr als 1 cm Höhe. Die Oberfläche ist mit verbogenen Windungen und Falten bedeckt, wie sie z. B. von Tr. lutescens bekannt sind. Diese Tremella hat ein sehr widerwärtiges Aeussere. Sie ist so schleimig glatt, dass es fast nicht möglich ist, sie zu halten, um einen Schnitt zu machen, der das Hymenium zeigt. Ihre Farbe geht von einem hellen wässerig gelblichen Tone durch dunkleres Gelb- bis zu dunklem Blutroth. Die blutrothe Farbe tritt aber auf dem im wesentlichen hässlich gelben Schleim nur in einzelnen Flecken und Striemen auf. Die Untersuchung zeigt, dass nur an diesen blutrothen Stellen, an denen die Faltungen der Oberfläche ausgeglättet sind, das Hymenium zu finden ist. Dies letztere zeigt alle Eigenthümlichkeiten der Gattung. Die Basidien haben 10—12 μ Durchmesser, die Länge der Sterigmen schwankt um 25 μ, die birnförmigen Sporen messen 6—9 μ Durchmesser. Sie keimen sehr leicht und bedecken sich dabei mit einer ganzen Anzahl von ringsum aussprossenden Conidien, welche 3 μ Durchmesser erreichen und abfallen. Im Gegensatze zu allen anderen beobachteten Tremellen konnte ich weder in Wasser, noch in mannigfach veränderten Nährlösungen, auch in der Zeit von drei Wochen nicht, jemals eine Weitersprossung oder Keimung der von der Spore ausgesprossten Conidien beobachten.

Es ist nun, wie wir wissen, die Gattung Tremella durch den Besitz der in langen Generationen fortsprossenden Hefeconidien ganz besonders scharf charakterisirt. Danach könnte die Frage aufgeworfen werden, ob man die hier vorliegende Form auch zu Tremella zu stellen berechtigt sei. So viel Arten der Gattung wir kennen lernten, so viel verschiedene

Abwandlungen in der Art der Conidienbildung, in der Form ihres Aussprossens, der Ueppigkeit ihrer Vermehrung, des grösseren oder geringeren Zusammenhaltens der Sprosskolonien wurden gefunden, und die sonst wohl eintönige und wenig reizvolle Untersuchung aller erhielt eben durch die vergleichende Betrachtung jener Verschiedenheiten ihren eigenthümlichen Werth. Es kann uns daher kaum Wunder nehmen, dass nun auch eine Tremella vorliegt, bei der die Fähigkeit zur Sprossconidienbildung sehr stark herabgemindert ist, ja im Erlöschen zu sein scheint. Da aber Bildung des Hymeniums, Bildung und Form der Sporen, sowie auch die Bildung der ersten Sprossconidien sich genau nach dem Typus von Tremella richten, so kann der Umstand, dass in den angestellten Kulturen sekundäre Hefebildungen nicht auftreten, uns nicht wohl bestimmen, die Form von Tremella abzutrennen. Ihr wichtigstes Artmerkmal besitzt sie eben in der geringen Sprossfähigkeit ihrer Conidien.

e. Gyrocephalus Pers.

Die Gattung Gyrocephalus, zuletzt ebenfalls von Brefeld neu und sorgsam untersucht und als Gattung der Tremellineen sicher erkannt (vergl. Bref. VII S. 130—131), geht in der Fruchtkörpergestaltung über die beschriebenen Formen hinaus. Sie bildet trichterförmige gestielte Fruchtkörper, welche das Hymenium an der Unterseite tragen, sie wiederholt unter den Protobasidiomyceten die Form mancher gestielten kreisel- oder trichterförmigen Thelephoreen, wie sie besonders unter den Tropen in vielen Formen vertreten sind, bei uns in Craterellus cornucopioides ihren bestbekannten Vertreter besitzen. Nebenfruchtformen sind noch nicht aufgefunden, da die Sporen bisher nicht zur Keimung zu bringen waren.

Wenn wir allmählich immer deutlicher sehen, wie dieselben Gesetze der Fruchtkörperbildung auf die Proto- wie auf die Autobasidiomyceten Anwendung finden, bei beiden, ganz unabhängig von einander, äusserlich ähnliche, doch nicht verwandte Gestalten hervorbringend, so können wir in den beschriebenen Exidiopsisformen und in Gyrocephalus gewissermassen Prototelephoreen, in Tremella damaecornis eine Protoclavariee erkennen. Die allerauffallendste Bestätigung der Richtigkeit dieser Auffassungen ergiebt indessen die Betrachtung der beiden folgenden Gruppen.

4. Protopolyporeen.

Protomerulius nov. gen.

Protomerulius brasiliensis nov. spec. Kein Fund irgend eines brasilischen Pilzes hat mir eine grössere Ueberraschung gebracht, als der dieses merkwürdigen Pilzes. Ich fand einen echten Merulius, kein Mykolog hätte auch bei sorgsamster Betrachtung mit der Lupe Bedenken getragen, ihn zu Merulius zu stellen, jede gute Diagnose von Merulius passte auf ihn, aber die genaue mikroskopische Untersuchung liess einen Protobasidiomyceten erkennen, der Tremellabasidien besass. Ich habe den Pilz in den Jahren 1891, 1892, 1893, dreimal, im August, im Januar und im März, jedesmal an einem anderen Standorte, aber alle dreimal auf demselben Substrat, nämlich auf den am Boden liegenden, modernden Resten des wilden Mamäobaumes (Jacaratia dodecaphylla) gefunden. Bricht ein solcher Baum zusammen, so liegen die Reste seiner festen Rinde in grossen unregelmässig zerbrochenen Tafeln über einander und dazwischen fault die schwammige Masse des auffallend weichen Holzkörpers. Diese war an den betreffenden Fundstellen ganz durchwuchert von einem weissen Mycel, welches strangartig sich nach allen Seiten der Unterlage anliegend ausbreitete, nach den Enden zu in feine Fasern sich auflösend (Taf. III Fig. 4). Die Hyphen, welche dies Mycel zusammensetzen, sind etwa 3 μ stark und schnallenlos.

Vielfach scheiden sich auf ihnen Krystallklümpchen aus, die wohl aus oxalsaurem Kalk bestehen dürften, denn sie lösen sich bei Salzsäurezusatz ohne Brausen auf. Dies Mycel überzieht die untere, nach dem Boden zu gewendete Seite des Substrats, also der Rindenplatten des Mamäobaumes. Hie und da, wo es am üppigsten entwickelt ist, sieht man auf ihm ein Netz feiner leistenartiger Vorsprünge entstehen (Taf. III Fig. 4 in der Mitte rechts), den Anfang des Hymeniums; und wenn man in diesem Zustande die mikroskopische Untersuchung vornimmt, so findet man die Leisten und die von ihnen eingeschlossenen Vertiefungen ausgekleidet mit dem Hymenium, welches die Tremellabasidien zeigt, wie sie in Fig. 36 Taf. V dargestellt worden sind. Diese Figuren sprechen für sich selbst, ich habe ihnen nur die Maasse der Basidien und Sporen hinzu zu setzen. Die Basidien sind verhältnissmässig klein, sie haben nur 7—8 μ Durchmesser, dabei sehr dünne Membranen. Es bedarf feiner sorgfältiger Schnitte und der Betrachtung mit guten Linsensystemen, um sich zu überzeugen, dass jede Basidie über Kreuz durch Wände getheilt ist in vier Theilzellen, von denen jede ein Sterigma hervorbringt; die Sterigmen sind 7—8 μ lang, die ovalen Sporen nur 4—5 μ. Das Hymenium ist in dem jugendlichen Zustande der Fig. 4 Taf. III ein echtes Polyporeenhymenium. Allmählich nun wachsen die Netzbalken in die Höhe, immer senkrecht nach unten gerichtet, und erzeugen ein Gewirr von Platten und Röhren, wie es für ältere Merulinsfruchtkörper charakteristisch ist, und bei vielen anderen Polyporeen auch vorkommt (Fig. 3 Taf. III). Die rein weisse Farbe geht in den älteren Theilen in ein schmutziges Hellgelb über. Ich setze die Friessche Diagnose der Gattung Merulius zum Vergleiche hierher; Sie passt Wort für Wort zu unserem Protomerulius: (Hym. Europ. S. 591.) „Hymenophorum e mycelio contexto mucedineo formatum, hymenio tectum ceraceo-molli, contiguo, superficie plicis obtusis reticulato, incomplete poroso, demum gyroso obsoleteque dentato.“ Auch dass die gewöhnliche resupinate Form an Stellen üppigen Wachsthums in die consolenförmig abstehende übergehen kann, habe ich bei Protomerulius festgestellt. Die Oberseite der Console war in solchem Falle rein weiss und zeigte eine schwach angedeutete Zonung. Als ich Holzstücke, die von dem Pilze durchzogen waren, einige Tage in der Botanisirtrommel aufbewahrt hatte, war das Mycel üppig aus dem Substrate herausgewachsen und hatte faustdicke, lockere, flockige, weisse Mycelmassen gebildet, wie sie eben für Merulius charakteristisch sind. Reiche Ausscheidung von Wasser in Tröpfchen an dem Mycel wurde beobachtet.

Kurzum, wir haben hier unter den Tremellaceen einen neuen Typus, der in geradezu wunderbarer Weise bis in alle Einzelheiten die Form eines verhältnissmässig hoch organisirten Autobasidiomyceten wiederholt. Die völlige Uebereinstimmung in der äusseren Gestalt ist nicht auf nahe Blutsverwandtschaft zurückzuführen, sondern ist die Wirkung gleicher Lebensbedingungen, gleicher Bedürfnisse, gleicher Entwickelungsgesetze, welche in zwei verschiedenen Formenreihen zum gleichen Ziele hinführte. Auf die weitere Parallele mit Auricularia auricula Judae unter den Auriculariaceen genüge es hier nur hinzuweisen. Sie drängt sich von selbst auf. Eine Keimung der reichlich in Wasser und Nährlösung aufgefangenen Sporen war nicht zu erzielen. Ueber etwaige Nebenfruchtformen ist mir daher nichts bekannt geworden.

5. Protohydneen.

a. Protohydnum nov. gen.

Protohydnum cartilagineum nov. spec. ist in $^{3}/_{4}$ seiner natürlichen Grösse durch die auf der Taf. III Fig. 1 wiedergegebene Photographie dargestellt. Ich fand den Pilz im Juni 1890 auf einem am Boden liegenden morschen, armstarken Ast, den er mit einer hellgelblichen, schon von weitem sichtbaren

Kruste bedeckt. Makroskopisch erkennen wir ein resupinates Hydnum. Der weithin sich erstreckende Ueberzug des Pilzes bestand aus einzelnen, je für sich unregelmässig begrenzten Lappen, von denen manche Handtellergrösse erreichten. Von der Unterlage waren die Lappen sehr leicht unverletzt abzuheben. Ihre ganze Fläche ist dicht besetzt mit bis zu 5 mm langen, dickfleischigen, stumpfen Höckern, welche sich auf einem gemeinsamen Lager von etwa 3 mm Stärke erheben. Die ganze Masse des hellgelblich weissen Pilzes hat zähgallertige Consistenz, der Querschnitt glänzt, fast opalisirend. Ein Stück des Querschnitts in natürlicher Grösse ist in Fig. 35a gezeichnet, um die Form der Stacheln und die Dicke des Lagers deutlicher, als es durch die Photographie möglich war, darzustellen. Die im Innern des Pilzes regellos in der Gallertmasse verlaufenden Hyphen ordnen sich nach den Aussenflächen zu mehr oder weniger parallel, und zwischen ihnen erscheinen die Anlagen der Basidien als kolbige Verdickungen (Fig. 35b.) Die Basidien theilen sich nach Tremellaceenart, wie es näher durch die Fig. 35c ausgeführt wird. Im reifen Zustande haben sie längliche Gestalt und sind oben und unten am Schnittpunkte der Theilungswände ein wenig eingezogen (s. d. Fig.). Ihre Länge beträgt 15 μ, die Breite 9—10 μ. Sie sind in die Gallerte des Fruchtkörpers so tief eingebettet, wie es durch die Zeichnung Fig. 35c links angedeutet ist. Die vier Sterigmen ragen frei über die Hymenialfläche hervor. Sie bringen je eine längliche Spore von 9 μ Länge und 4—5 μ Breite hervor, welche im Gegensatz zu den meisten Tremellaceensporen genau gerade, mit ihrer Längsachse in der Verlängerung des Sterigma aufsitzt. Eine Keimung der Sporen herbeizuführen, gelang leider nicht.

Der merkwürdige Pilz nimmt unter den Tremellaceen eine ganz selbstständige, durch die Eigenart seiner Fruchtkörperbildung höchst bemerkenswerthe Stellung ein. Durch den oben beschriebenen Bau seiner Basidien und Sporen entfernt er sich ziemlich weit von allen anderen bekannten Arten der Familie.

Ja, selbst mit der nächsten Gattung Tremellodon, mit der er das hydnumartige Hymenium gemein hat, dürfte er wohl nicht in allzu nahem verwandtschaftlichen Zusammenhange stehen. Häufig scheint sein Vorkommen, wenigstens bei Blumenau, nicht zu sein; denn trotzdem er nicht leicht zu übersehen ist, gelang es mir in den zweieinhalb Jahren, welche nach dem ersten Funde mir noch in Brasilien vergingen, beim eifrigsten Suchen nicht, ihn wieder zu finden. Reichliches Material von jener ersten Fundstelle wurde in Alkohol aufbewahrt.

b. Tremellodon Persoon.

Tremellodon gelatinosum Pers. ist schon seit langer Zeit als die höchst entwickelte Pilzform bekannt, welche getheilte Basidien besitzt. Es ist eine echte Hydnee ihrem Aeusseren nach, mit Tremellaceenbasidien. Aber die eigenthümliche Bedeutung, welche dieser Form für die Auffassung der Protobasidiomyceten als einer durchaus selbstständigen, den Autobasidiomyceten ebenbürtigen Organismenreihe zukommt, ist nirgends genügend hervorgehoben. Jetzt erst, nachdem wir in Protomerulius eine Protopolyporee, in Protohydnum noch eine zweite Protohydnee kennen gelernt, nachdem wir bis auf die Agaricinen beinahe sämmtliche Typen der Autobasidiomyceten unter den wahren, als solche sicher erkannten Protobasidiomyceten wiedergefunden haben, jetzt erst erhält auch die Betrachtung von Tremellodon ein erhöhtes Interesse. Es war mir daher von grösstem Werthe, dass ich den Pilz schon bei einem meiner allerersten Ausflüge in die Wälder von Blumenau an einem morschen, quer über den Weg gefallenen Baumstamm antraf. Hier konnte ich Fruchtkörper zwei volle Jahre hindurch ernten. Sie entstanden regelmässig in Zwischenräumen von 4 bis 8 Wochen an derselben Stelle des Stammes, bis zu dessen gänzlichem Zerfalle. Es ist danach nicht zweifelhaft, dass das Mycel in dem morschen Holze sich lange Zeit ernährt und erhält. Die Fruchtkörper brechen als kleine, grau wässerige, gallertige Perlen aus der Rinde hervor. Schon wenn sie kaum über 1 mm Durchmesser erreicht haben, findet man an ihnen sporentragende Basidien. Sie sitzen nur an dem vorderen und dem nach unten gerichteten Theile des anfangs kugligen kleinen Fruchtkörpers. Dieser bedeckt sich bei weiterem Wachsthum nun an seiner ganzen Oberfläche mit Haaren, welche zu Bündeln zusammentreten und ihm eine rauhe Oberfläche verleihen. Die spitz zulaufenden Bündel von Haaren sind anfänglich auf der Ober- und Unterseite unterschiedlos gleich. Weiterhin jedoch macht sich in ihrem Verhalten eine erhebliche Verschiedenheit geltend. Auf der Oberseite nehmen sie nur wenig an Stärke zu und bekommen allmählich eine dunkelgraue Farbe, auf der Unterseite dagegen wachsen sie in die Länge und werden zu den spitzen, bis 6 mm langen Stacheln, welche das Hymenium der Hydneen charakterisiren. Die Basidien, welche anfangs, wie ich oben anführte, auf dem sehr kleinen, noch glatten Fruchtkörper gebildet waren, erscheinen allmählich in immer grösserer Zahl und rücken an den Stacheln in die Höhe. Sie bedecken dieselben schliesslich nach allen Seiten, stehen aber nach den Spitzen zu in dünnerer und unregelmässiger Vertheilung. Die Stacheln unseres Pilzes sind also morphologisch nichts als Haare oder vielmehr Bündel von Haaren, welche allmählich zu immer bedeutenderer Grösse heranwuchsen und zu Trägern der Basidien wurden. In dieser Auffassung ist die Bemerkung nicht ohne Interesse, dass als Ausnahme einmal eine „varietas undique aculeata“ Jacqu. Misc. I T. 9 aufgeführt wird.

Die in Brasilien nunmehr aufgefundenen Pilze sind von den europäischen in keiner Weise verschieden. Für die Beschreibung der Art kann daher lediglich auf die systematische Literatur verwiesen werden. Eine proteusartige Verschiedenheit in der Gestalt der Fruchtkörper (Fries sagt schon darüber: „forma quam maxime variabile, stipitatum [ad terram] et sessile“) beobachtete ich auch in Brasilien. Eines der höchst entwickelten gestielten Exemplare habe ich auf der Taf V Fig. 34 a wiedergegeben. Dies war an der Erde gewachsen. Auch der kleine Fruchtkörper welcher in Fig. 34b links in der Vorderansicht und daneben im Längsschnitte skizzirt ist, war aus der Erde gewachsen. Er stand am Fusse und fast überdeckt von dem Luftwurzelwerke eines Farrenbaumes, an einer sicher bestimmten Stelle. In Zwischenräumen von jedesmal ungefähr 8 Wochen beobachtete ich viermal an genau derselben, leicht aufzufindenden Stelle je einen neuen Fruchtkörper derselben Gestalt und Grösse. Die Bildung des Fruchtkörpers vollzog sich in mehreren genau beobachteten Fällen innerhalb 8–14 Tagen. Die aus morschem Holze hervorbrechenden sind wohl meist flach scheiben-, muschel- oder ohrförmig und ungestielt. Sie können beträchtliche Grösse, bis zu 10 cm Durchmesser, erreichen. Eine andere aus morschem Holze hervorbrechende Fruchtkörperform mit scharf begrenztem Hymenium stellt der Querschnitt Fig. 34b rechts dar. Die sterile Oberfläche sehr üppiger Fruchtkörper ist oft fast sammtartig.

Die rundlichen Basidien, welche nicht in genau gleichmässiger Höhe, sondern bald näher der Oberfläche, bald tiefer im Hyphengeflechte entstehen, haben 10—12 μ Durchmesser. In der Regel sind sie nach dem Typus der Tremellabasidie über Kreuz getheilt. Doch finden sich nicht selten Unregelmässigkeiten, zwei oder dreitheilige Basidien, von denen einige in den Abbildungen Fig. 34 wiedergegeben sind. Die Sterigmen schwanken von der $\frac{1}{2}$- bis 6fachen Länge des Sporendurchmessers, welcher 4—6 μ beträgt. Die Sporen sind farblos, fast kuglig, ihre Membran ist sehr fein warzig, was nur bei starker Vergrösserung (1000 etwa) erkannt werden kann. Bei den vielfachen, von mir angestellten Keimungsversuchen in Wasser sowohl als in geeigneten Nährlösungen gelang es nur in seltenen Fällen und erst am sechsten Tage nach der Aussaat, schwache Keimfäden aus einigen Sporen treten zu sehen, welche kleine, wenig verzweigte, sterile Mycelien bildeten und dann zu Grunde gingen.

Es ist eine auch sonst bei manchen Tremellaceen beobachtete, aber bei Tremellodon besonders deutliche und fast regelmässige Erscheinung, dass die Theilzellen der Basidie, wie die Carpelle eines Fruchtknotens auseinanderklaffen. Auch hierfür habe ich einige Beispiele in den Fig. 34 der Taf. V abgebildet. Ueber die möglichen Nebenfruchtformen gerade der höchsten und in Hinsicht auf die Fruchtkörperentwickelung interessantesten zuletzt besprochenen drei Tremellaceen ist es bisher nicht gelungen, etwas zu ermitteln. Gerade bei diesen scheinen die Sporen an bestimmte Keimzeit angepasst zu sein.

VI.

Hyaloriaceen.

Hyaloria nov. gen.

Hyaloria Pilacre nov. spec. Es konnte eine willkommenere Ergänzung für die Formenkenntniss der Protobasidiomyceten nicht gedacht werden, als sie durch die zierliche Hyaloria (Taf. I Fig. 3) vermittelt wird. Noch war der angiokarpe Fruchtkörpertypus, den die Pilacraceen mit quergetheilten langen Basidien darbieten, unter den mit Tremellabasidien ausgerüsteten Pilzen nicht bekannt. Hier nun tritt er in die Erscheinung. Hyaloria ist ein Gegenstück zu Pilacre, hat aber über Kreuz getheilte rundliche Basidien.

Der Pilz wurde in den Jahren 1890—93 zu vielen Malen in reichlichen Mengen gefunden. Stets trat er in grossen Trupps auf und stets an ganz morschem, fast verfaulten, am Boden liegenden Holze, das meist natürlich nicht zu bestimmen war. Einmal war es ein ganz verfaulter Palmenstamm der Euterpe, auf dem ich reiche Ernte hielt. Die einzelnen Fruchtkörper erscheinen in Gestalt glasheller, fast durchsichtiger Säulchen, die sich nach oben wenig verjüngen (vergl. die Abbildung). Hat das Säulchen die Höhe von wenigen Millimetern erreicht, so sieht man an seiner Spitze einen ebenfalls glasartigen Kopf entstehen, welcher etwas dicker als die Spitze des Säulchens ist. Dieser Kopf sieht stets feucht glänzend aus, der Stiel dagegen matt. Die Säulchen treten büschelweise vereint auf und bilden oftmals, nach allen Seiten von einem Anheftungspunkte ausstrahlend, einen unregelmässigen zierlichen Stern, wie man auch in der Abbildung sieht. Mit zunehmendem Alter wird der Kopf milchglasartig undurchsichtig, während der Stiel wässerig hell bleibt. Bei besonders üppigen Exemplaren kann der Kopf auch wohl aus mehreren kleineren Köpfchen zusammengesetzt sein, die dann einen blumenkohlartigen Anblick gewähren.

Die ganze Bildung erreichte in keinem der beobachteten Fälle mehr als 2 cm Höhe. Dabei betrug der Durchmesser der einzelnen Säulchen bis 4 mm. Ganz junge Fruchtkörper bestehen aus gleichartigem wirren Geflecht dünnster, in Gallerte eingebetteter Hyphen, an denen irgendwelche bestimmte Richtung nicht zu erkennen ist, nur nach der Spitze zu ordnen sich die Fäden allmählich radial. Unter der Spitze erscheint alsdann schon in sehr jugendlichen Zuständen eine peripherische Zone dichter gedrängter Fäden (Taf. V Fig. 37 a), und in dieser, die sich allmählich während der Bildung des oben erwähnten Köpfchens zum Hymenium ausbildet, entstehen die Basidien, annähernd in einer Schichte, eingesenkt in das weit über sie hinausragende Gewirr steriler Hyphen (Fig. 37 b). Man erkennt unschwer die Aehnlichkeit, welche diese Form mit Pilacre besitzt. Man vergleiche nur unsere Figur mit der von Pilacre Petersii durch Istvánffi gezeichneten in Brefelds Band VII, Taf. I Fig. 5. Hier wie dort ragen sterile Fäden über die Schicht der Basidien hinaus. Bei Pilacre rollen sie sich zu Locken und bilden die Peridie, hier bei Hyaloria bleiben sie glatt, schliessen nicht zu einer festeren Hülle zusammen, bilden aber, durch eine schleimige Flüssigkeit verklebt und verbunden, eine Decke über der Basidienschichte, welche es verhindert, dass jemals etwa eine Spore abgeschleudert werden kann. Wohl aber ist der Raum zwischen diesen Fäden stets angefüllt mit einer grossen Menge von den Basidien schon abgelöster Sporen. Die Untersuchung des Hymeniums bietet eben wegen dieser losen undurchsichtigen Sporenmassen, dann aber auch darum recht grosse Schwierigkeiten, weil der Fruchtkörper so ausserordentlich glatt und schlüpfrig, desshalb kaum zu halten und zu schneiden ist, und endlich, weil die Membranen der Basidien von ausserordentlicher Feinheit sind. Die länglich runden Basidien haben etwa 14 μ grössten Durchmesser, die Länge der Sterigmen beträgt etwa 9 μ und ist bei weitem nicht so schwankend, wie bei den meisten anderen Tremellaceen, wo die Sporen bis zum äusseren Rande des Fruchtkörpers durch das Sterigma gehoben werden müssen. Auf den Sterigmen sitzen die länglich ovalen Sporen von durchschnittlich 7 μ Länge, nicht mit dem von anderen Tremellaceen her so wohl bekannten seitlichen Spitzchen, sondern grade auf. Die Spore entsteht als Anschwellung am oberen Ende des Sterigmas, und die Wand, welche sie bei der Reife abtrennt, liegt ein kleines Stückchen zurück in dem Sterigma, so wie es bei Fig. 37c deutlich zu sehen ist. Die abgenommene Conidie trägt demnach ein kurzes, aber grades Spitzchen. Sehr auffallend ist auch die ungleichmässige Gestalt und Grösse der Sporen bei diesem Pilze, welche in den Figuren zur Anschauung gebracht ist. Zweisporige Basidien, wie bei Fig. 37d, wurden ausnahmsweise beobachtet. Man sieht dort auch eine Basidie, bei der alles Protoplasma in die obere Hälfte der nach dem Muster von Sirobasidium getheilten zweizelligen Basidie gewandert ist, und wo diese allein eine Spore hervorgebracht hat, während aus der unteren nicht einmal ein Sterigma hervortrat. Ein Auseinanderklaffen der Basidientheilzellen kommt auch gelegentlich vor, ist aber längst nicht so häufig, wie z. B. bei Tremellodon.

Da von diesem Pilze natürlich die Sporen nicht abgeworfen werden können, so war es nicht möglich, reine Aussaaten zu gewinnen. Ich versuchte, mit einer Nadel dem schleimigen Köpfchen, welches eine ungeheure Menge von Sporen enthält, solche zu entnehmen und auszusäen. Stets aber kamen auf diese Weise Bakterien in die Kulturen, und innerhalb zwei Tagen waren sie verdorben. In dieser Zeit trat niemals eine Sporenkeimung ein. Ich wiederholte diese Versuche zu vielen Malen, aber leider gelang es nie, die Keimung zu beobachten, und so bleiben wir auch bezüglich der etwaigen Nebenfruchtformen dieser bisher einzigen angiokarpen Protobasidiomycetenform mit Tremellabasidien vorläufig im Ungewissen. Indessen bleibt es immer von hohem Interesse, festgestellt zu haben, dass der angiokarpe Typus auch dieser Formenreihe nicht fehlt.

Uebersicht der Ergebnisse.

Das Fundament, auf dem die vorliegende Arbeit sich aufbaut, ist von Brefeld gelegt, hauptsächlich im VII. und VIII. Bande seiner Untersuchungen. Diese erstreckten sich nur auf europäische Pilze. Ich ging hinaus in den brasilischen Wald mit der Hoffnung, Pilzformen zu finden und der künstlichen Kultur zu unterwerfen, welche den von meinem verehrten Lehrer errichteten Bau eines natürlichen Systemes der Pilze zu erweitern, zu ergänzen, zu festigen geeignet wären. Soweit die gewonnenen Ergebnisse auf Protobasidiomyceten Bezug haben, sind sie in zusammenhängender Darstellung hier vorgetragen.

Wie Brefeld selbst eine derartige Arbeit vorausbestimmt, ihre möglichen Erfolge vorschauend erwogen hat, das geht aus folgender Stelle S. 132 seines VII. Bandes hervor, die ich als Grundlage unserer Schlussbetrachtung hierher setze. Es heisst dort mit Bezug auf die Protobasidiomyceten:

„Wahrscheinlicher Weise werden sowohl die Zahl der Familien „der Klasse, wie auch die engeren Glieder der einzelnen Familien „mit der Zeit weitere Ergänzungen erfahren. Unter den Formen „der jetzigen Gattung Hypochnus dürften sich solche finden, welche „getheilte Basidien haben, vielleicht auch noch Formen dieser Art „bestehen, die nicht gefunden sind, aus welchen dann eine neue

„Familie der Protobasidiomyceten ausgeschieden werden kann. „Die Formen der einzelnen Familien gehen gewiss weit über die „hier beschriebenen hinaus. Auch bei uns wird noch manches gefunden werden, was bisher übersehen ist, wenn man nur vorsichtig und genau danach sucht; *jedenfalls aber wird „durch die Formen des Auslandes, wenn sie einmal „herangezogen werden, eine starke Bereicherung „eintreten.*"

Eine solche Bereicherung im Sinne der vorstehenden Ausführungen ist als ein Hauptergebniss der vorliegenden Mittheilungen zu betrachten. Es scheint in der That, dass die Protobasidiomyceten in den Tropen ganz besonders zahlreich vertreten sind. Die grosse Zahl neuer Gattungen und Arten, welche ich in der verhältnissmässig kurzen Arbeitszeit von $2\frac{3}{4}$ Jahren auffand, spricht dafür; und diese Wahrnehmung wird in erwünschter Weise bestätigt durch die mehrfach erwähnten Sammlungen von Lagerheims in Ecuador. Auch der genannte Forscher spricht sich dahin aus: „Dans l'équateur les Hétérobasidiés semblent particulièrement riches en types spéciaux" (Journal de bot. 1892 Nr. 24.).

Ueberblicken wir nun in Kürze zuerst die wichtigsten Erweiterungen, welche der Formenschatz der Protobasidiomyceten durch unsere Arbeit gewonnen hat. Es gab in der Klasse zweierlei Basidien, Auriculariabasidien mit wagerechten, Tremellabasidien mit senkrechten, sich kreuzenden Wänden; alle genau bekannten Basidien waren viertheilig mit vier Sterigmen und Sporen. Der Unterschied beider schien so gross und so durchgreifend, dass man auf ihn hin eine Theilung in Schizobasidieen und Phragmobasidieen begründen wollte. Jetzt haben wir die zweitheiligen Basidien von Sirobasidium Brefeldianum kennen gelernt, welche einen Uebergang vermitteln, und durch keine jener beiden Bezeichnungen genau würden getroffen werden. Die eigenartige und neue Basidienform machte es nötig, eine neue Familie der Sirobasidiaceen zu schaffen. Diese Familie ist zudem durch die Anordnung der Basidien in langen Ketten vor allen anderen ausgezeichnet, und diesen Charakter zeigen auch ihre zuerst von von Lagerheim und Patouillard veröffentlichten Mitglieder Sirobasidium albidum und sanguineum, deren Basidien übrigens mit denen der Tremellaceen übereinstimmen.

Eine weitere neue Familie musste für die Gattung Hyaloria begründet werden unter dem Namen Hyaloriaceen. Der angiokarpe Fruchtkörpertypus, der bis dahin nur für die Pilacraceen bekannt war, für Formen mit Auricularia basidien, er fand sich abermals vor, ausgestattet mit Basidien der Tremella-Form.

So ist Brefelds Voraussage über die wahrscheinliche Vermehrung der Familien erfüllt, zu den vier bestehenden, den Auriculariaceen, Uredinaceen, Pilacraceen und Tremellaceen treten zwei neue hinzu, die Sirobasidiaceen und Hyaloriaceen.

Erhebliche Erweiterungen erfuhren die Formenkreise der einzelnen Familien. Jene hypochnusartigen Pilze, deren Existenz Brefeld vermuthete, mit freien, noch nicht zu Lagern, geschweige denn Fruchtkörpern vereinigten Protobasidien, sie wurden aufgefunden, und zwar unter den Auriculariaceen ebensowohl wie unter den Tremellaceen. Dort konnte für sie die neue Gruppe der Stypinelleen, hier die der Stypelleen ausgeschieden werden. Wenn durch diese Gruppen der Umfang der Protobasidiomyceten nach unten zu, nach den niedersten unvollkommensten Formen hin erweitert wurde, so brachten die Protopolyporeen und Protohydneen ungeahnte Bereicherung nach der entgegengesetzten Seite. Man wusste, dass in der Gattung Auricularia tropische Formen vorkommen, welche ein netzig-wabiges, polyporeenartig ausgebildetes Hymenium besitzen. Aber eine Polyporee, wie der neu aufgefundene Protomerulius, der getheilte Tremellabasidien zeigt auf einem Fruchtkörper von so bestimmter Gestaltung, dass man Wort für Wort die makroskopische Diagnose der Autobasidiomyceten-gattung Merulius auf ihn anwenden kann, lag kaum im Bereiche der für möglich gehaltenen Formen.

Zu Tremellodon, bisher dem einzigen Protobasidiomyceten mit hydneenartigem Fruchtkörper, bildet das neue Protohydnum eine werthvolle Ergänzung.

Unter den neuen Arten der Gattung Tremella lernten wir die Tr. damaecornis kennen, welche in ihrem Aeusseren von den Verwandten weit abweicht und den Typus der Clavarieen unter den Protobasidiomyceten zu vertreten scheint.

So ist also der Formenreichthum, wenn wir zunächst die fertigen basidientragenden Fruchtkörper allein berücksichtigen, jetzt derartig vermehrt, dass wir sagen können, es fehlt unter den Protobasidiomyceten keine Gestaltung, welche der reichen Klasse der Autobasidiomyceten eigenthümlich ist, mit alleiniger Ausnahme der Agaricinen. Der grösseren artenreicheren Klasse der Autobasidiomyceten gegenüber gewinnt die vorläufig und wahrscheinlich wohl überhaupt artenärmere der Protobasidiomyceten durch die neuen Funde eine festere Stellung, eine vollendetere Abrundung.

Bis hierher sind die angeführten Ergebnisse die Frucht der Sammlungen in Südbrasilien; aufmerksames Suchen im Walde und mikroskopische Betrachtung der Ausbeute förderte sie zu Tage. Das Ziel meiner Bestrebungen war aber damit nur zum allergeringsten Theile erreicht. Die künstliche Kultur der Pilze des Urwaldes, die entwickelungsgeschichtliche Untersuchung und die vergleichend morphologische Betrachtung der so gewonnenen Ergebnisse, das war es, was ich vor allem erstrebte. Nur um dieses Zieles willen hatte ich mir für längere Zeit einen festen Wohnsitz gewählt, auf weites Umherstreifen und sammelndes Durchsuchen grösserer Gebietsstrecken verzichtend zu Gunsten eines nach Möglichkeit gut eingerichteten Laboratoriums. Und gerade für die Protobasidiomyceten war der so betretene Weg der einzig gangbare, zum Ziele führende. Brefeld hatte durch seine Arbeiten gezeigt und an mehreren Stellen seines Werkes ausdrücklich gesagt, dass hier ohne die künstliche Kultur, ohne die Berücksichtigung der nur durch sie zu entdeckenden Nebenfruchtformen nicht weiter zu kommen sei, er hatte in das früher unentwirrbare Irrsal der Formen nur in dieser Weise Klarheit gebracht.

Die Protobasidiomyceten sind reich an Nebenfruchtformen. Ueberall, wo die künstliche Kultur der Sporen gelang, wurden auch Nebenfruchtformen entdeckt. Wo war früher eine Grenze zwischen den Gattungen Exidia und Tremella, was war der Charakter von Naematelia? Schwankende, unsichere und bedeutungslose äusserliche Merkmale waren zur Begründung dieser Gattungen verwendet, und die zahlreichen neuen Formen, die in der vorliegenden Arbeit beschrieben sind, hätten auf Grund der alten Diagnosen nirgends sicher eingereiht werden können. Brefeld fand den gemeinsamen Charakter aller Tremellen in dem Besitze von Hefeconidien, den aller Exidien in dem Besitze von Häkchenconidien, die mit Fäden auskeimen, er vereinigte Naematelia mit Tremella, weil sie die Hefen besitzt, und er schied Ulocolla und Craterocolla aus dem Umfange der alten Gattung Tremella aus, weil sie besondere eigenartige Conidien haben. Nun war eine sichere Grundlage für die Beurtheilung der neuentdeckten hierher gehörigen Formen gewonnen. Auch alle brasilischen Protobasidiomyceten, deren Kultur gelang, brachten Nebenfruchtformen in die Erscheinung, und durch sie fügten sie sich den bekannten europäischen Gattungen sicher und zweifellos an. Wir haben nicht weniger als acht neue Arten der Gattung Tremella kennen gelernt, von ausserordentlich verschiedener Gestalt der Fruchtkörper. Wie hätten wir sie sicher als Arten der Gattung erkennen sollen, wenn sie nicht alle geeint und gegen die Exidien abgegrenzt wären durch den gemeinsamen Besitz der Hefeconidien, die zwar im einzelnen die mannigfachsten und darum nur um so interessanteren Abwandlungen ihrer Gestaltung aufwiesen, in dem unbegrenzten Sprossvermögen in Nährlösungen aber fast ausnahmslos übereinstimmten. Und wie alle brasilischen bisher unbekannten Tremellaformen die Hefesprossung der Conidien zeigten gleich den europäischen, so fanden wir die eigenartigen Häkchenconidien wieder bei den Exidia-Arten, genau in der Form und Anordnung, wie sie Brefeld für unsere Exidien geschildert und abgebildet hat, so genau, dass jene Abbildungen ohne weiteres auch für die Pilze des brasilischen Waldes gelten können. Es konnte keine bessere Bestätigung gewünscht werden dafür, dass den Conidien in ihrer bestimmten Gestaltung für die betreffenden Gattungen thatsächlich der Werth und die durchgreifende Bedeutung zukommen, welche ihnen von Brefeld zuerst beigelegt worden sind.

Es wäre aber wunderbar gewesen, wenn unter den zahlreichen neuen Protobasidiomyceten sich nicht auch solche gefunden hätten, welche den bisher bekannten Kreis der Nebenfruchtformen erweiterten. In diesem Sinne war es zunächst von Werth, das Vorkommen der Hefeconidien bei einer Auriculariacee, Platygloea blastomyces, festzustellen, weil bisher diese sonst in fast allen Familien der Mesomyceten und Mycomyceten auftretende Nebenfruchtform für keine Auriculariacee bekannt geworden war.

Nicht minder bedeutsam erscheint das Vorkommen jener kleinen, nicht keimfähigen, in grossen Massen gebildeten, von gallertiger Substanz zusammengehaltenen Conidien (der früheren Spermatien), bei der neuen Gattung Saccoblastia. Durch ihre Auffindung erhält die nahe verwandtschaftliche Beziehung der Auriculariaceen zu den Uredinaceen, welche bisher aus der Gestalt der Basidie allein gefolgert werden musste, eine neue sichere Stütze, die um so fester wird, als der eigenthümliche Sack, aus dem die Basidie der Saccoblastia-Arten hervorgeht, eine weitere unverkennbare Beziehung zu der Teleutospore der Uredinaceen aufweist.

Für die neubegründete Familie der Sirobasidiaceen ergab die Kultur als Nebenfruchtform ebenfalls Hefeconidien.

Die allerwerthvollsten Ergebnisse aber erhielten wir aus der Untersuchung der Pilacrella delectans. Die grossen am Ende und seitlich an den Fäden des Mycels gebildeten Conidien, welche alsbald üppig wieder zu Mycelien auswachsen, stellen hier einen besonders unter den Ascomyceten weitverbreiteten, unter den Protobasidiomyceten indessen bisher noch nicht vertretenen Typus dar, dessen Auffindung von der allergrössten Bedeutung war; denn aus den Fäden, welche diese Conidien zunächst in unregelmässiger Anordnung erzeugten, liess sich die Entstehung der Auricularieenbasidie in der ungezwungensten und natürlichsten Weise herleiten, wie wir oben gesehen haben. Weiter fanden wir bei Pilacrella dieselben nicht keimfähigen Conidien (Spermatien) vertreten, wie bei Saccoblastia und bei den Uredinaceen, und es gelang durch unmittelbare Beobachtung der Nachweis, dass diese früher sogenannten Spermatien mit den grossen, keimfähigen Conidien wesensgleich, an denselben Fadenspitzen, wie jene abgegliedert werden, mit anderen Worten, dass wir hier vor unseren Augen die Spaltung einer Conidienform in zwei neue sich vollziehen sehen, von denen jede für sich selbstständig weiter fortbesteht und weiter sich fortbildet. Dieselbe Erscheinung der Spaltung einer Conidienform in zwei ist bei den Ascomyceten mehrfach beobachtet und unserem Verständniss erschlossen. Es sei nur an die Erscheinungen bei mehreren Diaporthe-Arten erinnert (vergl. Brefeld IX Seite 35ff. und von Tavel, Morphologie Seite 67). Unser Fall hat ein besonderes Interesse dadurch, dass es sich um Conidien (Spermatien) handelt, welche den allgemein bekannten und verbreiteten Microconidien (Spermatien) der Uredinaceen entsprechen und deren echte Conidiennatur, an der freilich heut wohl nur noch wenige Mykologen zweifeln, recht handgreiflich darlegen.

Wir kehren noch einmal zu den grossen Conidien der Pilacrella zurück. Ihre besondere Bedeutung liegt darin, dass wir, wie ich gezeigt habe (Seite 60), aus dieser Conidienform ganz unmittelbar und vor unseren Augen die Steigerung vom Conidienträger zur Basidie sich vollziehen sehen, dass wir durch sie also eine ganz genaue Vorstellung davon erhalten, wie im besonderen die fadenförmige, wagerecht getheilte Auriculariaceenbasidie zu Stande gekommen ist.

Derartige Fälle, wo neben der Basidie noch der basidienähnliche Conidienträger sich erhalten hat, sind naturgemäss selten; jeder einzelne ist beachtenswerth. Es wird nothwendig, sie hier sämmtlich kurz zu überschauen und vergleichend mit den neu gewonnenen Thatsachen zu betrachten, um diese letzteren nach der ihnen zukommenden Bedeutung richtig werthen zu können.

Der erste Fall, derjenige, an dessen Untersuchung sich die Aufklärung über das Wesen der Basidie unmittelbar anschloss, ist in Pilacre Petersii gegeben, und in der klassischen Untersuchung im VII. Bande des Brefeldschen Werkes bis in alle Einzelheiten dargestellt. Dort besteht neben der Basidie ein fadenförmiger Conidienträger, welcher an seiner Spitze eine Conidie bildet, dann diese zur Seite schiebend weiter wächst, wiederum an der neuen Spitze eine Conidie erzeugt, diese abermals zur Seite drängend vorrückt und in gleicher Art fortwachsend eine unbestimmte, bis über 50 ansteigende Zahl von Conidien hervorbringt. Die Beziehungen dieser Conidienform zu der typischen Auriculariaceenbasidie des Pilacre sind unverkennbare, allein ein unmittelbarer Uebergang von jener zu dieser ist nicht vorhanden und kann auch nicht erwartet werden. Brefeld sagt darüber: „Es liegt mir fern und muss einer klaren Vorstellung „fern liegen, anzunehmen, dass aus den jetzt bestehenden Conidien-„trägern von Pilacre sich die hochgegliederte Basidienfrucht aus-„gebildet habe. Als die Spaltung in zwei Fruchtformen einmal „eingetreten war, hat wohl jede von diesen den eigenen Gang „der Differenzirung eingeschlagen, die Conidien von jetzt ent-„sprechen also schwerlich mehr genau der Grundform, welche be-„stand, ehe diese Spaltung sich vollzog“ (Band VII Seite 50).

Der zweite Fall betrifft die Autobasidie von Heterobasidion annosum (Brefeld VIII Seite 154 ff.). Hier besteht neben der ungetheilten viersporigen Basidie ein kopfig-keuliger Conidienträger von ganz ähnlicher Gestalt, der nur durch die unbestimmte Zahl seiner Conidien von der Basidie selbst sich unterscheidet, in dieser unbestimmten Zahl aber so erheblich hin und herschwankt, dass er in einzelnen Fällen auch einmal die Vierzahl der Conidien und damit eine völlige Gleichheit mit der Basidie erreichen kann. Bei Heterobasidion ist also ein Conidienträger heut noch vorhanden, der als Stammform der zugehörigen Basidie unmittelbar betrachtet werden muss, der die Entstehungsgeschichte der Autobasidie uns greifbar vor Augen führt.

In genau derselben unmittelbaren Weise, wie die Entstehungsgeschichte einer Autobasidie durch Heterobasidion annosum veranschaulicht wird, erläutert uns Pilacrella delectans die Entstehung der Auriculariabasidie aus einem heut noch neben ihr erhaltenen Conidienträger.

Einen anderen Fall, der unter den Autobasidien in gewissem Sinne Pilacre entspricht, habe ich im VI. Hefte dieser Mittheilungen für die Rozites gongylophora, den Pilz der Schleppameisen, aufgedeckt. Dort sind neben der Basidie sogar zwei Conidienfruchtformen vorhanden, von denen in ihrer heutigen Gestalt die Basidie jedenfalls nicht mehr hergeleitet werden kann. Seit die Spaltung der ursprünglich einheitlichen Conidienform in den Conidienträger einerseits, die Basidie andererseits sich vollzog, machte der erstere eine weitere Steigerung zu höherer Formausbildung durch, ja es trat eine abermalige Spaltung ein, es entstanden zwei neben einander weiter sich entwickelnde Conidienträgerformen.

Wie Brefeld schon im VIII. Bande hervorgehoben hat, so führt jede der verschiedenen heut bestehenden Formen von typischen Basidien zurück auf Conidienträger von jedesmal verschiedener Gestaltung. Aber auch die in so unendlicher Mannigfaltigkeit verbreitete, scheinbar immer gleiche viersporige Autobasidie wird nicht in allen Fällen gleichen Ursprungs sein. Betrachten wir die für Tomentella flava bekannt gewordenen Conidienträger (Brefeld VIII, Taf. I Fig. 11), so ist ihre Basidienähnlichkeit zwar ausser Frage, es erscheint aber dann sicher, dass z. B. die viersporige Autobasidie der Tomentella auf einen anders gebauten Conidienträger zurückführt, als die ebenfalls viersporige Basidie von Heterobasidion.

Die Conidienträger waren jedenfalls schon in mannigfachen Abwandlungen vorhanden, in reicher Formenfülle, ehe es Basidien gab, und jede der verschiedenen Formen schritt unter dem gleichen überall wirksamen, uns in seinem Wesen und Zweck vorläufig unverständlichen Bildungsgesetze allmählich voran zur Bestimmtheit der Form und Sporenanzahl.

Ein lehrreiches Beispiel für eine neue selbstständige Basidienentstehungsgeschichte hat Boulanger in der „Revue génér. de bot. 1893“ von Matruchotia varians mitgetheilt. Diesen wunderbaren Pilz habe ich schon in den Jahren 1891 und 1892 in Brasilien vielfach beobachtet und kultivirt. Seine Basidien sind zweisporig und stehen frei an den Enden und seitwärts der Mycelfäden. Wenn man reiche Kulturen durchmustert, so erkennt man die typische zweisporige Basidie mühelos, sie ist in überwiegender Anzahl vorhanden. Dazwischen aber finden sich in geringerer Anzahl Conidienträger, welche ebenso wie die Basidie gebaut und angeordnet sind, aber je 1, 3, 4 oder 5 Conidien erzeugen. Aus dem Vergleiche vieler Kulturen des Pilzes sieht man ganz zweifellos, wie gegen diese unregelmässigen Conidienträger, von denen der einzelne zweisporige nicht zu unterscheiden ist, dieser letztere dennoch als besonderer Fall, als Basidie, sich abhebt durch die gleichmässigere und regelmässigere Gestalt und die Ueberzahl seines Vorkommens.

Von höchstem Interesse war es mir nun, dass ich im Jahre 1893 eine Matruchotia entdeckte (Matruchotia complens nov. spec.), welche bei gleicher äusserer Erscheinung, gleichem Habitus und Vorkommen, wie die erwähnte, sich dadurch unterschied, dass bei ihr die viersporige Basidie zur Herrschaft gelangt war. Neben den viersporigen, in der Form bestimmten Basidien fanden sich auch zwei-, drei- und fünfsporige Conidienträger, die zweisporigen waren nicht verschieden von den Basidien der Matruchotia varians, aber sie kamen als seltene Ausnahmen vor und zeigten keine Bestimmtheit der Form, genau wie bei Matruchotia varians auch vereinzelte viersporige Conidienträger vorkommen, welche wiederum den Basidien von M. complens ganz gleich sind. Hier liegt der bemerkenswerthe und in den Rahmen unserer Betrachtung ergänzend einzufügende Fall vor, dass zweierlei Basidien, die zweisporige und die viersporige, auf dieselbe Conidienform sich zurückführen lassen. In Matruchotia varians ist ausserdem die Entstehung der zweisporigen Basidie, welche unter den Autobasidiomyceten (z. B. bei Clavarieen, aber auch bei Agaricineen) häufig vorkommt, für einen bestimmten Fall aufgedeckt. Wenn man die zweisporigen Basidien dieses Pilzes betrachtet, so erscheint es recht wahrscheinlich, dass auch die festbestimmte zweisporige Basidie der Dacryomyceten von ähnlichen Conidienträgern sich herleitet, und es hat diese Vorstellung jedenfalls mehr Wahrscheinlichkeit für sich, als die andere, welche sie von Protobasidien durch Verlust der Theilwände entstehen lässt. Im allgemeinen sprechen alle bisherigen Erfahrungen dafür, dass die Basidie in ihrer jeweiligen bestimmten Form die höchste Entwickelungsstufe des Conidienträgers darstellt, welche einer weiteren Entwickelung nicht fähig ist, welche, nachdem sie einmal entstanden war, unverändert für alle Folgezeit bestehen bleibt. Unter den bekannten Thatsachen spricht keine dafür, dass eine Protobasidie sich durch Verlust der Theilwände nachträglich zur Autobasidie umgestalten könne. So will es mir auch wahrscheinlicher scheinen, dass die längliche Autobasidie von Tulostoma auf einen eigenen Ursprung, auf Conidienträger, etwa wie die von Pilacre zurückführe, als dass sie aus der Auricularіaceen-, im besonderen der Pilacrebasidie durch Verlust der Theilwände entstanden sei.

Auf welcherlei Conidienträger endlich die Tremellaceenbasidie zurückgehe, darüber waren bisher keine Aufklärungen zu gewinnen. Für diese Frage ist unser Sirobasidium Brefeldianum im Verein mit den beiden anderen Arten (albidum und sanguineum v. Lagerheim) derselben Gattung von entscheidender Bedeutung.

Wir sehen an den Mycelfäden von S. Brefeldianum Conidien an den Enden der Fäden, und auch seitwärts ohne Sterigma hefeartig aussprossend, und diese Conidien haben die Fähigkeit, hefeartig weiter zu sprossen. Eine Fadenendzelle kann solche Conidien in unbestimmter grosser Zahl hervorbringen. Wird die Conidienbildung durch die Basidien abgelöst, so schwillt die Fadenendzelle stärker an als es früher geschah, sie theilt sich durch eine schrägstehende Wand in zwei über einander stehende Zellen, von denen jede nur eine Sprosszelle, Spore, ohne Sterigma hervorbringt. Die abgefallenen Sporen können gleich den Conidien hefeartig weitersprossen. Dass die Basidienbildung sich hier auch auf die rückwärts gelegenen Fadenzellen ausdehnt, welche ebenfalls vordem Conidien erzeugen konnten, ist für die augenblicklich in Betracht kommende Frage nebensächlich. Die eine erste Scheidewand ist in ihrer Richtung noch unbestimmt, sie kann ausnahmsweise wagerecht stehen, meist verläuft sie schräg, geht aber in manchen Fällen bis zur senkrechten Stellung (s. Fig. 44 Taf. VI links). Hier hat die Basidie schon eine Gestalt erreicht, welche wir unter den echten Tremellen mehrfach angetroffen haben. Nun aber kommt eine zweite, die erste kreuzende Theilwand hinzu,*) und tritt regelmässig auf bei den von v. Lagerheim entdeckten Formen S. albidum und sanguineum, und die typische Tremellabasidie ist fertig. Conidienerzeugung, sprossartig an beliebigen Fadenzellen wie bei Sirobasidium, fanden wir in ausgeprägter Form wieder bei Tremella compacta (Fig. 12a u. b Taf. IV). Dies

*) Genauer genommen sind es wohl zwei neue selbstständige Theilwände, die hinzukommen, und die nur dadurch, dass sie in ein und derselben Kante mit der ersten Theilwand sich schneiden, den Eindruck einer die erste kreuzenden Wand machen.

ist also eine Conidienstammform der Tremellabasidie. — Dass die viertheilige Tremellabasidie aus der zweitheiligen entstanden ist, dafür spricht das unzweifelhafte häufige Vorkommen von zweisporigen Basidien bei echten Tremellen (vergl. z. B. Fig. 10, 12e Taf. IV). Dass die später senkrecht stehende erste Wand früher wagerecht oder schräg gestanden hat, daran erinnern Vorkommnisse, wie die in Fig. 12e Taf. IV dargestellten, welche bei sorgsamem, freilich sehr mühevollem Suchen sich noch vermehren liessen. Ich entsinne mich wenigstens deutlich, derartige Bildungen auch bei anderen Tremellen gelegentlich schon gesehen zu haben.

Wenn es nun also gelingt, alle die verschiedenen Typen der Basidie zurückzuführen auf je verschiedene Conidienträgerformen, so ist es selbstverständlich ein ganz verfehltes Beginnen (wie Brefeld übrigens schon im VIII. Bande es ausgesprochen hat), alle Basidiomyceten in eine fortlaufende Entwickelungsreihe einordnen zu wollen, wie man das früher versucht hat. Wir werden vielmehr, je mehr unsere Kenntniss der Formen und ihrer Entwickelungsgeschichte zunimmt, um so mehr verschiedene, neben einander fortlaufende und je für sich zu verschiedener Höhe gesteigerte Reihen erkennen, welche auf weit zurückliegende, bei den conidientragenden Stammformen zu suchende gemeinsame Ahnen zurückweisen. Der gemeinsame Besitz einer bestimmten Basidienform, z. B. der viersporigen Autobasidie, ist nicht Grund genug, alle Pilze, welche eine solche aufweisen, als Entwickelungsglieder e i n e r Reihe anzusehen; denn die in dem Endergebniss, in ihren jetzigen Erscheinungen also gleichen Basidien können auf verschiedenen Wegen, aus verschiedenen Conidienträgern hergeleitet werden (s. o. Seite 149—150).

Ebensowenig kann die gleiche oder ähnliche äussere Gestalt der Fruchtkörper für die nahe Blutsverwandtschaft zweier Arten etwas beweisen. Wie ich schon oben (Seite 22—23, 43—44, 131) angeführt habe, ist das Baumaterial für die Fruchtkörper der Pilze überall das gleiche, einfache Hyphen; nur selten kommt ein pseudoparenchymatisches Gewebe zu Stande. Ebenso wie das Baumaterial sind aber auch die Bedürfnisse, die äusseren Bedingungen, welche die schimmelartigen fruchtkörperlosen Bildungen zur Fruchtkörperbildung treiben, im allgemeinen die gleichen. Stets handelt es sich darum, die sporentragenden Theile über das Substrat zu erheben, sie der Luft auszusetzen zu leichterer Verbreitung der Sporen. Ist der Fruchtkörper einmal gebildet, so macht sich das Bestreben geltend, durch möglichste Vergrösserung der Oberfläche eine möglichst grosse Zahl von Sporen zur Erzeugung und Verbreitung zu bringen. Soll dabei nicht unverhältnissmässig viel Stoff auf den sterilen Theil des Fruchtkörpers verwendet werden, so ist die Erreichung des Zieles nur möglich durch Wellen, Falten, Lappen, Blätter, regelmässige grubige Vertiefungen, Röhren oder Stacheln in der hymenialen Fläche, und alle diese Möglichkeiten finden wir verwirklicht. Sie treten in die Erscheinung in den verschiedenen Reihen, unabhängig von einander. Daher finden wir parallele in der äusseren Form sich entsprechende Gattungen in den verschiedenen Familien. In unseren Untersuchungen trat diese Parallelität besonders zwischen den Tremellaceen und Auricularieen in die Erscheinung, und es ist nicht schwer, aus der Menge der Autobasidiomyceten noch eine dritte Parallele zu den genannten herzustellen.

Es entsprechen, wie wir näher ausgeführt haben:

Von den Auriculariaceen:	unter den Tremellaceen	unter den Autobasidiomyceten
die Stypinelleen	den Stypelleen	den Tomentelleen
die Platygloeen	den Exidiopsideen	den nied. Telephoreen
die Auricularieen z. Th.	den Tremellineen z. Th.	den Thelephoreen (Cyphella) z. Th.
die Auricularieen z. Th.	den Protopolyporeen	den Polyporeen
	die Protohydneen	den Hydneen
	und es entsprechen:	
die Pilacraceen	den Hyaloriaceen	d. Lycoperdaceen z. Th.

In der gleichen oben ausgeführten Betrachtungsweise erklären sich natürlich auch die mancherlei schon oft bemerkten und hervorgehobenen Formanklänge zwischen Basidiomyceten und Ascomyceten, wie z. B. zwischen Cyphella und Peziza, Verpa und Ithyphallus, Clavaria und Xylaria und viele andere, Formanklänge, die noch durch manche auffallende neue von mir in Brasilien aufgefundene in meinen nächsten Mittheilungen ergänzt werden sollen.

Wenn es nun einerseits klar ist, dass die Aehnlichkeit, ja die Gleichheit in der Ausgestaltung des fertigen Fruchtkörpers für die Verwandtschaft zweier Formen als beweisend nicht ins Feld geführt werden kann, so ist doch auf der anderen Seite einleuchtend, dass mit grossem Nutzen die jeweilige Höhe der Fruchtkörperausbildung als Mittel dient, um innerhalb einer und derselben Entwickelungsreihe die Gattungen von einander für die praktische Unterscheidung abzugrenzen. Dieser Gesichtspunkt ist für die Autobasidiomyceten von jeher massgebend gewesen, er bildet die Grundlage für die Scheidung der Thelephoreen, Clavarieen, Polyporeen, Agaricineen und Hydneen. In der vorliegenden Arbeit ist derselbe Gesichtspunkt nun auch für die Eintheilung und Gruppenabgrenzung der Protobasidiomyceten zur Geltung gebracht, vornehmlich innerhalb der Familien der Auriculariaceen und Tremellaceen. Von ihm aus rechtfertigt sich die Aufstellung der Stypinelleen und Stypelleen, die Abgrenzung der Platygloeen als besonderer Gruppe, die Abtrennung der Exidiopsideen von den Tremellineen im engeren Sinne, die Aufstellung der Protopolyporeen und Protohydneen. Eine solche Gruppirung war vordem nicht möglich, weil die europäischen Protobasidiomyceten keine oder nur ganz vereinzelte Vertreter der meisten dieser Gruppen besassen. Mit dem zunehmenden Reichthum an bekannten Formentypen innerhalb der Klasse ergab sich die neue Eintheilung ganz von selbst.

Die Berücksichtigung der Nebenfruchtformen erweist sich als

nothwendig und werthvoll hauptsächlich zur Umgrenzung der einzelnen Gattungen — ich erinnere hier wiederum an die Schärfe und Klarheit, mit der die äusserlich oft so ähnlichen Angehörigen der Gattung Tremella und Exidia durch ihre Nebenfruchtformen gegen einander abgegrenzt sind. Darüber hinaus können die Nebenfruchtformen allein für die Verwandtschaftsverhältnisse schon um deswillen nichts beweisen, weil manche von ihnen gleicherweise bei Pilzen der verschiedensten Verwandtschaftsklassen angetroffen werden; so sind manche von Ustilagineen abstammende Hefen von manchen bei Ascomyceten und anderen bei Tremellineen auftretenden kaum unterscheidbar, und die durchaus gleichen Häkchenconidien, welche um Exidiopsis und Exidia ein so festes Band der Zusammengehörigkeit schliessen, kommen andererseits auch der weitabstehenden Gattung Auricularia zu. Brefeld hat deshalb schon die Fruchtkörperausbildung als oberstes Eintheilungsprincip eingesetzt, indem er die Pilacraceen um ihres angiokarpen Fruchtkörpertypus willen von den gymnokarpen Tremellaceen als eigene Familie abschied. Auf dem hierdurch angedeuteten Wege bin ich bei der in dieser Arbeit aufgestellten Anordnung weiter gegangen.

Erst in verhältnissmässig sehr wenigen Fällen ist es gelungen, den Entwickelungsgang eines Pilzes lückenlos und vollständig in künstlicher Kultur zur Anschauung zu bringen. Es darf daher hier nicht unerwähnt bleiben, dass die vorliegenden Untersuchungen den bereits bekannten zwei neue derartige Beobachtungen anreihen, den einen von Pilacrella delectans, den anderen bei Sirobasidium Brefeldianum. In beiden finden wir bestätigt, dass die Basidienfrucht den Entwickelungsgang des betreffenden Pilzes als letzter und höchster Zustand abschliesst, nachdem der Zustand der Conidienfruktifikation längere oder kürzere Zeit angedauert hat. Diese Reihenfolge des Auftretens steht in völliger Uebereinstimmung mit dem Gesetze, dass die Entwickelungsgeschichte des Einzelwesens die Stammesgeschichte wiederholt.

hat aber mit dem sogenannten Generationswechsel, einem in die Mykologie willkürlich nach naturphilosophischer Manier hineingetragenen Wahne, selbstverständlich nichts zu thun. Die Untersuchung der Pilacrella gewann noch besonderen Reiz dadurch, dass bei ihr alle die verschiedenen Uebergangsstufen, welche von dem, freie Basidien tragenden Mycel bis zum entwickelten gestielten Fruchtkörper denkbar sind, neben einander heut noch in geeigneten Kulturen auftreten und uns die Stammesgeschichte dieses Fruchtkörpers greifbar deutlich vor Augen führen.

Versuchen wir zum Schlusse über den Stammbaum der Protobasidiomyceten im Ganzen uns an der Hand der gewonnenen Ergebnisse eine Vorstellung zu bilden, so muss zunächst betont werden, dass es auch hier wieder ein ganz verfehltes Beginnen sein würde, alle sechs Familien in *eine* fortlaufende Entwickelungsreihe einzuordnen. Wir haben die nahen Beziehungen kennen gelernt, welche zwischen Uredinaceen und den niedersten Auriculariaceen unzweifelhaft bestehen. Die Gattung Jola ist gewissermassen schon eine Uredinacee, deren Teleutosporen nur noch keine feste Membran besitzen, und welche weder Uredosporen noch Aecidien, wohl aber die sogenannten Spermatien, freilich noch nicht in geschlossenen Behältern, bildet. Ganz besonders im Hinblick auf die Gattungen Jola und Saccoblastia begegnet es keinen Schwierigkeiten mehr, die Uredinaceen von den niedersten Auriculariaceen, von Stypelleen und Platygloeen herzuleiten. Von jenem Ausgangspunkte an würden sie dann eine eigene selbstständige Entwickelungsrichtung eingeschlagen haben, die besonders durch die parasitische Lebensweise bedingt und beeinflusst wurde, und in der reicheren Entwickelung und Ausgestaltung der Chlamydosporenfruchtform zum Ausdrucke kam. (Man vergleiche hierzu eingehend Brefeld: „Ueber den morphologischen Werth der Chlamydosporen bei den Rostpilzen VIII S. 229 ff.)

Weiterhin kann man sich wohl vorstellen, dass auch die Vorfahren der Pilacraceen mit den Stypinelleen zusammengefallen seien. Wenigstens würde Pilacrella, wenn von ihr nichts bekannt wäre, als das lose, in Nährlösungen sich entwickelnde Mycel mit freien grossen Conidien, und einzelnen, frei an den Fäden auftretenden Basidien, ein Zustand, den wir in Wirklichkeit als Uebergangsstadium vor uns gesehen haben (Taf. V Fig. 30), sich ohne weiteres den Stypinellen einordnen.

Die Auffindung der Conidienträger von Pilacrella, welche schon nach so vielen Richtungen hin uns werthvolle Aufschlüsse vermittelte, erweist sich endlich bedeutsam dadurch, dass sie die weitere Abstammung aller Auriculariaceen von den Hemibasidii Brefelds uns erläutert und bestätigt. Brefeld hat in den Hemibasidii, den bisherigen Ustilagineen die Stammformen der Proto- und Autobasidiomyceten erkannt. Er theilt sie in Ustilagieen und Tilletieen, je nachdem der aus der Chlamydospore keimende basidienähnliche Conidienträger mehrzellig ist und die Conidien seitwärts trägt (Ustilago Carbo, Maidis, cruenta, Schizonella melanogramma, Tolyposporium Junci), oder einzellig bleibt und die Conidien in Köpfchen an seiner Spitze hervorbringt (Tilletia, Urocystis, Neovossia, Tuburcinia, Thecaphora). Man vergleiche nun die Hemibasidien, wie sie z. B. bei Brefeld V, Taf. IV Fig. 12, Fig. 13 oder Taf. V Fig. 3 oder Taf. VI Fig. 22 u. s. w. dargestellt sind, mit den Conidienträgern und Basidien der Pilacrella, und man wird eine ganz unbestreitbare Bestätigung der angegebenen Ableitung feststellen können.

Was die drei letzten Familien der Protobasidiomyceten betrifft, so ist nach den früheren Ausführungen ohne weiteres klar, dass sie in ihren Basidien zu denen der vorhergehenden gewisse unverkennbare Beziehungen zeigen. Solche treten besonders in der zweitheiligen, fast wagerecht getheilten Basidie von Sirobasidium Brefeldianum und bei vereinzelten Vorkommnissen zu Tage, wie sie z. B. in den Figuren Taf. IV Fig. 12c dargestellt sind. Dennoch kann man die Sirobasidiaceen nicht von irgend einer der früheren Familien unmittelbar herleiten. Vielmehr führen sie auf selbstständigem Wege zurück auf die Ustilagieen, unter denen die gemeinsamen Vorfahren aller Protobasidiomyceten zu suchen sein dürften. Für Sirobasidium Brefeldianum insbesondere sei z. B. auf Ustilago bromivora verwiesen (Bref. V, Taf. X Fig. 1—8), bei dem zweitheilige Conidienträger, ja auch die für Sirobasidium so bezeichnenden Schnallenzellen sich finden. Dass man von den Sirobasidiaceen die Tremellaceen ableiten kann, ist schon näher ausgeführt worden (S. 152). Für die Abstammung der Hyaloriaceen haben wir an den bekannten Thatsachen keinen festen Anhalt, indessen begegnet es nach dem Vorgange der Pilacraceen keinen Schwierigkeiten, anzunehmen, dass ihr Stammzweig von den Tremellaceen bei deren niedersten Formen entsprungen sei. Ein Schema des Stammbaumes der Protobasidiomyceten würde sich also vorläufig etwa in der folgenden Weise entwerfen lassen:

Hemibasidii.

Conidienträger protobasidienartig:

Ustilagineen

Proto-Basidiomyceten

Sirobasidiaceen

Stypinelleen — Stypelleen

Platygloeen — Exidiopsideen

Auricularieen — Tremellineen. Protopolyporeen. Protohydneen.

Uredinaceen **Auriculariaceen** **Pilacraceen** **Tremellaceen** **Hyaloriaceen.**

Zusammenstellung der durch die vorliegende Arbeit veränderten und der Beschreibungen neuer Gattungen und Arten.

Man vergleiche über die Charakterisirung der sechs Familien der Protobasidiomyceten oben Seite 9–11.

I. Auriculariaceen.

(Seite 12.)

1. Stypinelleen.

Ohne Fruchtkörperbildung. Basidien frei an den Fäden.

a) Stypinella Schröter. Die Gattungsdiagnose in „Schlesische Pilze 1889" S. 383 lautet: „Fruchtlager flach, wergartig, unbegrenzt, aus locker verflochtenen, groben, dickwandigen Hyphen gebildet. Basidien isolirt stehend, bogenförmig zurückgekrümmt, durch Querwände in senkrechte Abtheilungen getheilt, welche pfriemliche Sterigmen treiben, an deren Spitze einfache Sporen gebildet werden." Aus dieser Gattungsbeschreibung müssen die Worte: „bogenförmig zurückgekrümmt" wegfallen.

1. Stypinella orthobasidion nov. spec.

Unregelmässige, rundlich umschriebene, lockere, weisse Flöckchen von wenigen Millimetern Durchmesser und kaum 1 mm Dicke. In grosser Zahl neben einander auf morschen Rindenstücken. Hyphen dickwandig, 6 μ stark, regelmässig mit Schnallen. Basidien gerade, ca. 30 μ lang, pfriemförmige Sterigmen von 2,5 μ Länge, Länglich ovale Sporen von 7 μ Länge, 5 μ Breite. Sekundärsporenbildung häufig. Am Waldboden. Blumenau Brasilien. Hierher gehört Helicobasidium Pat., welches als Gattung nicht bestehen bleiben kann (vergl. Seite 15).

b. **Saccoblastia** nov. gen. Unregelmässige, kaum 1 mm starke, weisse, lockere Hyphengeflechte auf morschem Holze und Rinden. Basidien frei und einzeln, die Tragzelle der Basidie trägt einen seitwärts aussprossenden, blasenartigen Sack, dessen Inhalt für die auswachsende Basidie verbraucht wird und in dieselbe vollständig hineinwandert.

2. **Saccoblastia ovispora** nov. spec.

Hyphen etwa 6 μ stark, ohne Schnallen. Sack birnenförmig, etwa 30 μ lang und 8 μ breit. Basidien 100 μ lang, unregelmässig verbogen. Pfriemförmige, kurze Sterigmen, alle von gleicher Länge. Sporen oval, 13 μ lang, 7—9 μ breit. Sekundärsporenbildung häufig. Spore theilt sich bei der Keimung durch eine Scheidewand. Nebenfruchtform: Kleine runde, in grossen Mengen an freien Hyphenenden erzeugte, nicht keimfähige Conidien (Spermatien). An morschen Rinden im Walde bei Blumenau. Brasilien.

3. **Saccoblastia sphaerospora** nov. spec.

Hyphen wie bei der vorigen Art, etwas dickwandiger. Der Sack kuglig, 11 μ Durchmesser. Länge der Basidien 45—60 μ. Kurze fadenförmige Sterigmen, alle von ungefähr gleicher Länge, rundliche Sporen von 6—8 μ Durchmesser, welche mit einfachen Keimschläuchen keimen. Nebenfruchtformen nicht bekannt.

Vorkommen wie bei der vorigen Art.

2. Platygloeen.

Die Basidien sind zu einem mehr oder weniger glatten thelephoreenartigen Hymenium zusammengeordnet. Die Fruchtkörper bestehen aus einer der Unterlage angeschmiegten weichen, wachsartigen oder schleimig gallertigen Kruste.

a. **Jola** nov. gen. Die Basidien schliessen lagerartig zusammen, stehen aber noch nicht alle gleichmässig in einer Höhe. Sie entspringen aus einer Tragzelle, welche eine besondere, eiförmig angeschwollene Gestalt zeigt und den Teleutosporen der Uredinaceen entspricht.

4. Jola Hookeriarum nov. spec.

Parasitisch an Moos-Kapseln und -Stengeln von Hookeria-Arten, wo der Pilz in trockenem Zustande einen kaum sichtbaren, feinen weissen Flaum, in feuchtem Zustande einen schleimig glänzenden, feinen Ueberzug bildet. Basidien bis 90 μ lang. Bei ihrer Bildung wird der ganze Inhalt der die Basidie tragenden Zelle aufgebraucht. Sterigmen dick, fadenförmig, von ungleicher Länge, Sporen lang, sichelförmig gebogen, 28—36 μ lang, 6 μ breit. Sekundärsporenbildung häufig. Nebenfruchtformen nicht beobachtet.

Auf Hookeria albata und jungermanniopsis gefunden. Blumenau, Brasilien.

b. Platygloea Schröter (= Tachaphantium Brefeld) s. d. Gattungsdiagnose bei Schröter „Schles. Pilze" S. 384.

5. Platygloea blastomyces nov. spec.

Grauweisse, schwach gelblich angehauchte, unregelmässig umgrenzte wachsartige, etwa 5 mm dicke Polsterchen auf morschen Rinden. Hyphen sehr fein, dicht verflochten. Basidien fadenförmig, bis 200 μ lang, Sterigmen fein fadenförmig von wechselnder Länge. Längliche Sporen, 12 μ lang, 6 μ breit. Sekundärsporenbildung häufig. Spore keimt, ohne dass eine Scheidewand auftritt, mit Keimschläuchen oder mit Erzeugung von Hefeconidien. Die als Hefen unbegrenzt fortsprossenden Conidien sind oval und haben höchstens 8 μ Länge bei 4 μ Breite.

An morschen Rindenstücken im Walde bei Blumenau, Brasilien.

Hierher gehört wahrscheinlich: Campylobasidium v. Lagerheim (Ludwig, „Lehrbuch der nied. Cryptog." S. 474). Beschreibung fehlt.

Helicogloea Pat. ist durchaus gleich Platygloea und hat keine Gattungsberechtigung (vergl. oben S. 32).

Septobasidium Pat. ist nicht genügend bekannt, um unter den Protobasidiomyceten aufgeführt werden zu können (vergl. oben S. 35).

Delortia Pat. ist gar kein Protobasidiomycet (vergl. oben S. 35).

Urobasidium Giesenhagen (Flora 1890) ist ebenfalls kein Protobasidiomycet (s. oben S. 36).

3. Auricularieen.

Feste, von der Unterlage abstehende Fruchtkörper mit einseitig ausgebildetem glatten oder wabigen oder polyporeenartig ausgebildeten Hymenium.

6. Auricularia auricula Judae L.

Es ist im Texte ausführlich nachgewiesen, dass diese Auricularia in sich begreift die Auricularia sambucina Mart., sowie Laschia delicata Fr. = L. tremellosa Fr., wahrscheinlich auch L. velutina und nitida. Dies ist die höchst entwickelte Auriculariacee, eine sehr variable Form. Ihre Fruchtkörper schwanken in der Farbe von reinem weiss durch röthlich gelb, lederbraun bis schwarz, in der Grösse von ganz kleinen Bildungen bis zu Handtellergrösse. Das Hymenium kann ganz glatt, thelephoreenartig sein, dann durch Falten gerunzelt, endlich sogar regelmässig netzig grubig, polyporeenartig.

Scheint über die ganze Erde verbreitet zu sein.

II. Uredinaceen.

(Seite 46.)

III. Pilacraceen.

(Seite 48.)

a. Pilacrella Schröter, „Schles. Pilze" S. 384. In der Gattungsdiagnose dort heisst es „Sterigmen sehr kurz"; anstatt dessen ist zu setzen: „sehr kurz oder fehlend".

7. Pilacrella delectans nov. spec.

In grossen Trupps gesellig an Wundstellen stehender Stämme oder auf faulenden Stämmen oder Blattscheiden der Euterpe oleracea. Gestielte Köpfchen, etwa 5 mm hoch. Der Stiel wasserhell, fast durchsichtig. Köpfchen weiss, undurchsichtig, $^{3}/_{4}$ mm Durchmesser. Basidien in gleichmässiger Schichte das Köpfchen umkleidend, umgeben von einem kelchartigen, nach oben mehr oder weniger zusammenschliessenden Kranze steriler Fäden. In diesem Kranze von Fäden wird ein Tröpfchen schleimiger Flüssigkeit festgehalten, in dem die Sporen, welche nicht abgeschleudert werden, vertheilt sind. Basidien ca. 60 μ lang, 5–6 μ dick, im oberen Drittel gekrümmt. Sporen ohne Sterigmen aus den Theilzellen der Basidie vortretend, 14–18 μ lang, 7–8 μ breit. Die Form besitzt zweierlei Conidien, welche auf gemeinsamen Ursprung zurückgehen: kleine, nicht keimfähige, welche von einzelnen Fadenspitzen des Mycels in grossen Mengen hinter einander abgeschnürt werden, rundlich 2 μ Durchmesser; grosse sporenähnliche von länglicher Form, 12–26 μ Länge, 6–9 μ Breite, die sofort und leicht auskeimen. Von diesen letzteren leiten sich die Basidien in heut noch sicher festzustellender Weise ab.

Im Walde bei Blumenau, Brasilien, häufig.

8. Pilacre Petersii in der Charakterisirung von Brefeld, forma brasiliensis.

Von der europäischen durch kleinere Statur, kaum über $1^1/_2$ mm Höhe, wenig kleinere Sporen und dadurch verschieden, dass in künstlichen Kulturen die zugehörige Conidienform nicht erzielt werden konnte.

An trockenem morschen Holze im Walde und an trockenem Holze (Cedrela?) im Inneren von Gebäuden. Blumenau, Brasilien.

IV. Sirobasidiaceen.

(Seite 65.)

Sirobasidium v. Lagerheim et Patouillard.

Die Gattungsdiagnose der Autoren (Journ. de bot. 16. Dec. 1892) lautet: „Fungi gelatinosi, pulvinati, ubique hymenio vestiti; basidia ex apice hypharum orienda globosa vel ovoidea longitudinaliter quadripartita in catenulas disposita quarum articuli inferni juniores; e quacunque parte basidii spora unica continua fusiformis acrogena sessilis exoritur. Germinatio sporae ignota." Aus dieser Diagnose müssen, nachdem der Charakter der Sirobasidiaceen im allgemeinen (wie oben S. 10) festgestellt ist, die Worte: „longitudinaliter quadripartita", ferner „acrogena" und die Bemerkung „Germinatio sporae ignota" wegfallen.

9. Sirobasidium Brefeldianum nov. spec.

Kleine weisse, glasighelle, kaum über 3 mm Durchmesser haltende, tropfenartige Bildungen auf faulendem Holze. Die Basidien zerfallen durch eine schräg stehende Wand in zwei Zellen. Bis über ein Dutzend Basidien werden hinter einander gebildet. Die ansitzenden Sporen länglich, 22—24 μ lang und 7—8 μ breit, abgeschleudert nehmen sie Kugelgestalt an. Sie keimen mit Bildung von Keimschläuchen oder Hefeconidien, welch letztere in langen Generationen weitersprossen. Aus der mit Keimschlauch keimenden Spore geht ein Mycel hervor, welches an seinen Zweigspitzen wiederum Hefeconidien bildet, endlich aber wiederum zur Basidienbildung übergeht. Die normalen Hefen haben rundliche Gestalt und 6—8 μ Durchmesser. Sie keimen gelegentlich auch wieder mit Fäden aus.

Im Walde bei Blumenau, Brasilien.

V. Tremellaceen.

(Seite 75.)

1. Stypelleen.

Entsprechen den Stypinelleen unter den Auriculariaceen. Basidien frei und einzeln an den Mycelfäden; ohne Fruchtkörperbildung.

Stypella nov. gen. Charaktere der Gruppe. Einzige Gattung.

10. Stypella papillata nov. spec.

Kleine weisse, kaum $^1/_2$ mm starke, unregelmässig begrenzte, feucht glasige Ueberzüge, bei Lupenvergrösserung rauh von unregelmässig angeordneten, winzigen Papillen, zusammengesetzt aus locker verflochtenen, sehr feinen Hyphen, zwischen denen einzelne bis zu 200 μ lange, 10 μ starke schlauchartige Bildungen verlaufen, welche über das wergartige Lager hinausragen. Basidien rundlich, 9 μ Durchmesser, über Kreuz in vier Theilzellen zerfallend. Sterigmen 9 μ lang, Sporen rundlich, 4 μ Durchmesser. Sekundärsporen häufig. Nebenfruchtform unbekannt.

An morschen Holz- und Rindenstückchen am Boden des Waldes. Blumenau, Brasilien.

11. Stypella minor. nov. spec.

Aeusserlich von der vorigen nicht unterscheidbar. Anstatt der Schläuche finden sich hier zwischen den meist ganz ausserordentlich dünnen Fäden Bündel von stärkeren Hyphen, etwa 3 μ stark, welche, über die Fläche hinausragend, die feinen Papillen bilden. Basidien nur 4—5 μ Durchmesser, sonst wie beim vorigen. Sterigmen etwa 7 μ Länge. Sporen oval, 6 μ lang, 3 μ breit.

Vorkommen wie bei der vorigen Art.

2. Exidiopsideen.

Entsprechen den Platygloeen unter den Auriculariaceen. Die Basidien treten zu glatten Lagern zusammen. Die Anfänge der Fruchtkörperbildung sind zu bemerken, bleiben aber meist auf die Ausbildung eines dünnen, bisweilen wachsartigen, dem Substrate eng angeschmiegten Ueberzuges beschränkt.

a. Heterochaete Patouillard. Die Gattungsdiagnose ist oben (S. 80) mitgetheilt und besprochen. Es gehören hierher alle Exidiopsideen, bei denen es noch nicht gelungen ist, die Keimung und

Conidienbildung zu beobachten, und welche durch verhaltnissmässig starke Papillen (setulae) ausgezeichnet sind. Die Gattung hat demnach nur vorläufigen praktischen Werth. Viele ihrer Angehörigen werden sicher im Laufe der Zeit als zu Exidiopsis gehörig erkannt werden.

12. Heterochaete S^{ae} Catharinae nov. spec.

Rein weisse, kaum 1 mm starke, unregelmässig umschriebene Polsterchen von wenigen Millimetern Durchmesser auf morschen Rinden, dicht besetzt mit kleinen Stacheln, welche den Anblick eines winzigen resupinaten Hydnum gewähren. Höhe der aus sterilen, nach den Enden eigenthümlich cystidenartig verdickten Fäden zusammengesetzten Stacheln 150 μ. Die cystidenartigen Enden ragen 20 μ über die Stacheln ins Freie hinaus, haben bis 7 μ Durchmesser, dabei eine unregelmässig verdickte Membran. Basidien länglich oval, 21 μ lang, 12 μ breit. Sporen gleich denen von Exidiopsis, 12—15 μ lang.

Blumenau, Brasilien.

b. Exidiopsis. Glatte hautartige, häutige, bisweilen etwas stärkere, wachsartige, dem Substrate aus morschem Holze eng anliegende, glatte Ueberzüge, mit einem aus gedrängten, in einer Schichte stehenden Basidien gebildeten Hymenium. Die Mycelien erzeugen als Nebenfruchtform winzige, häkchenförmig gekrümmte Conidien, welche bei üppigem Wachsthum in traubiger Anordnung an verzweigten Conidienträgern auftreten. Grösse der Häkchen fast überall gleich, nämlich ungefähr 3 μ lang. Diese Conidienfruktifikation ist in vollständig ununterscheidbarer Form charakteristisch für die Gattungen Auricularia, Exidia und Exidiopsis und findet sich dargestellt und bis in alle Einzelheiten und Variationen getreu abgebildet bei Brefeld Heft VII Taf. IV u. V.

13. Exidiopsis cerina nov. spec.

Papierdünne, graue, wachsweiche, gelatinöse Ueberzüge an morschem Holz. Vollkommen glatt. Basidien oval mit 12 μ grösstem Durchmesser, Sporen länglich, schwach gekrümmt, 8—9 μ lang, 6 μ breit. Pallisadenartig angeordnete Schlauchzellen im Hymenium, senkrecht zu dessen Fläche, über die sie nicht hinausragen, von 22—30 μ Länge, 7 μ Breite, mit dunkel gelblichem Inhalt gefüllt. Sekundärsporenbildung häufig. Die Häkchenconidien der Gattung sind nachgewiesen.

Blumenau, Brasilien.

14. Exidiopsis verruculosa nov. spec.

Feine weisse, kaum seidenpapierstarke Häute mit unregelmässiger Umgrenzung auf morscher Rinde, äusserst fein gekörnelt von winzigen Papillen, die aus sterilen Fäden gebildet sind. Basidien 10 μ Durchmesser. Sterigmen 10 μ lang. Länge der ein wenig gekrümmten Sporen 9—10 μ, Breite 4 μ. Sekundärsporenbildung häufig. Conidien der Gattung nachgewiesen.

Blumenau, Brasilien.

15. Exidiopsis tremellispora nov. spec.

Graue, wachsartig weiche, schwach gallertige Ueberzüge auf morscher Rinde und Holz. Fein gekörnelt durch winzige, kaum 100 μ hohe Papillen aus sterilen Hyphenbündeln. Schläuche wie bei Ex. cerina, aber viel länger, bis 160 μ, bei einer Dicke von 4—8 μ, über die Hymeniumfläche hinausragend. Basidien rundlich, 20—22 μ Durchmesser. Länge der Sterigmen sehr schwankend, Gestalt der Sporen mehr der birnenförmigen der Tremella-Arten ähnelnd, 16 μ Länge, 11 μ Breite. Die Conidien der Gattung sind beobachtet.

Blumenau, Brasilien.

16. Exidiopsis glabra nov. spec.

Vollkommen glatte, unregelmässig umgrenzte, hauchartig dünne Ueberzüge. Basidien 18 μ lang, 12 μ breit. Spore fast rund, 12 μ lang, 10 μ breit. Weder Papillen, noch Schläuche vorhanden. Die Conidien der Gattung sind nachgewiesen.

Blumenau, Brasilien.

17. Exidiopsis ciliata nov. spec.

Rundlich oder rundlich lappig umschriebene, bis 2 mm starke, weisse, fast knorpelig gallertige Lappen von mehreren Centimetern Durchmesser auf morscher, am Boden liegender Rinde. Der Rand der Kruste fein und regelmässig gewimpert. Die ganze Fläche mit sehr feinen, körneligen Papillen besetzt, welche aus sterilen, nach den Enden cystidenartig verdickten Fäden bestehen. Diese scheinbaren Cystiden haben 15—20 μ Länge bei 10 μ grösster Breite. Basidien kuglig, 12—14 μ Durchmesser. Sporen länglich gekrümmt, 12—15 μ lang, 6 μ breit. Conidien der Gattung nachgewiesen.

Blumenau, Brasilien.

3. Tremellineen.

Zu den Tremellineen rechnen wir alle Tremellaceen, welchen eine eigentliche Fruchtkörperbildung mit einem glatten Hymenium eigen ist, bei denen also der Zustand einer einfachen, dem Substrat anliegenden Haut durch Bildung eines meist stark gallertigen Körpers überschritten wird, eine höhere Formausbildung des Hymeniums indessen noch nicht Platz greift. Sie sind die Thelephoreen unter den Tremellaceen und entsprechen bis zu einem gewissen Grade den Auricularieen.

a. Exidia. Hierher gehören alle Tremellineen, welche die Häkchenconidien als Nebenfruchtform besitzen. Die Exidien zeigen ausserdem als Gattungsmerkmal sehr oft, doch nicht immer Papillen auf dem Hymenium, schlauchartige Zellen zwischen den Basidien und Sporen von länglich ovaler, etwas eingekrümmter Form.

18. Exidia sucina nov. spec.

Gallertige, hell bernsteingelbe Polsterchen von unregelmässiger Gestalt, aus Spalten morscher Rinde hervorbrechend, und bei günstiger Ernährung übergehend in hufförmig abstehende, consolenartige Fruchtkörper, welche das Hymenium an der Unterseite tragen, von einer stielartigen Stelle aus sich verbreiternd. Zahlreiche, von gelblichem Inhalte erfüllte Schlauchzellen gehen zwischen den Basidien durch bis zur Aussenfläche. Sie sind 60—80 μ lang, 6—8 μ stark. Basidien 10—12 μ Durchmesser, Sporen 10—12 μ lang, 4—5 μ breit, gekrümmt. Conidien der Gattung nachgewiesen.

Blumenau, Brasilien.

b. Tremella Dill. in der Begrenzung von Brefeld.

Begreift unter sich alle Tremellineen, welche Hefeconidien bilden. Die Sporen sind meist birnförmig oder rundlich. Schlauchzellen zwischen den Basidien sind noch bei keiner Tremella beobachtet. Fruchtkörper fast stets stark gallertig und sehr unregelmässig gebildet.

19. Tremella lutescens Persoon — forma brasiliensis.

Weicht ab von der europäischen dadurch, dass an den von auskeimenden Hefeconidien herkommenden Mycelien Schnallenzellen auftreten, welche sonst nicht beobachtet wurden.

An morschen Hölzern. Blumenau, Brasilien.

20. Tremella compacta nov. spec.

Kugelig gallertige, feste knollige, mit unregelmässigen Falten und Buchtungen an der Oberfläche versehene, aus morschen Rinden vorbrechende Fruchtkörper von hellockergelber Farbe und mehreren Centimetern Durchmesser (Taf. I Fig. 2). Junge Fruchtkörper ganz massiv, in älteren Hohlräume, entsprechend den Buckeln der Oberfläche. Basidien 12—14 μ Durchmesser, Sporen 6—7 Durchmesser. Sporenkeimung mit unmittelbarer Hefeerzeugung. Hefen rundlich 4—5 μ Durchmesser, ohne Sprossverbände. Im Innern der Fruchtkörper, welche im Alter zerfliessen, werden von beliebigen Hyphen Sprosszellen gebildet, welche hefeartig weiter zu sprossen vermögen, genau wie die von den Sporen herstammenden Hefen. Schnallenzellen an den Hyphen.

Blumenau, Brasilien.

21. Tremella auricularia nov. spec.

Blattartige rundliche, oftmals ohrförmige, knorpelig gallertige, braune Lappen von mehreren Centimetern Durchmesser, welche dachziegelig oder schuppenartig angeordnet aus morscher Rinde hervorbrechen und sich gewöhnlich zurückleiten lassen auf eine starke, unter der Rinde ausgebildete Gallertmasse. Grosse äussere Aehnlichkeit mit Tremella undulata Hoffmann. Basidien 15 μ Durchmesser, die birnenförmigen Sporen 10—12 μ Durchmesser. Die keimende Spore bedeckt sich mit rundlichen Aussackungen von 4—6 Durchmesser, welche mit ihr verbunden bleiben, und erst aus diesen sprossen die Hefen, welche abfallen. Sie sind rundlich, haben 3 μ Durchmesser und bilden keine zusammenhängenden Verbände.

Blumenau, Brasilien.

22. Tremella fuciformis Berk.

Die Diagnose ist oben (S. 115) mitgetheilt (Taf. I Fig. 5). Sie ist durch folgende Angaben zu ergänzen: Basidien 9—12 μ Durchmesser, Sporen 5—7 μ Durchmesser. Ovale Hefen von 2 μ Durchmesser sprossen unmittelbar aus der Spore und vermehren sich in unendlichen Generationen, ohne Sprossverbände zu bilden.

Blumenau, Brasilien, an sehr verschiedenen faulenden Hölzern des Waldes häufig.

23. Tremella fibulifera nov. spec.

Fruchtkörper ausserordentlich zart, weiss zittrig, fast durchscheinend wässrig, unregelmässig buchtig, lappige Klumpen bildend, deren Durchmesser bis zu 10 cm ansteigen kann (Taf. II Fig. 3). Schnell zerfliessend. Schnallen an jeder Scheidewand der Hyphen. Basidien 12—16 μ Durchmesser, Sporen 7—10 μ. Die Spore bildet bei der Keimung Aussackungen von 4 μ Durchmesser, welche nicht abfallen, und erst von diesen sprossen die rundlichen Hefen von 3,5 μ Durchmesser aus, welche sich in unendlichen Generationen weiter vermehren.

Im Walde bei Blumenau, Brasilien, an morschen und faulenden Hölzern verschiedener Art sehr häufig.

24. Tremella anomala nov. spec.

An morschen dünnen Zweigen am Boden des Waldes helle, fast durchscheinende, schmutzig gelbliche Schleimklümpchen geringer Ausdehnung mit gehirnartigen Windungen und Falten auf der Oberfläche. Basidien kuglig 10 μ Durchmesser, Sporen 6 μ. Aus der Spore treten Sprosszellen, welche nicht abfallen, sondern ansitzend weiter sprossen. So bilden sich um die Spore herum ziemlich festverbundene, endlich undurchsichtige Klumpen von Sprosszellen, welche letztere länglich spindelförmig 6 μ lang, $1^1/_2$ μ breit sind.

Im Walde bei Blumenau, Brasilien.

25. Tremella spectabilis nov. spec.

Hell ockergelbe, über faustgrosse, unregelmässige Zusammenhäufungen von mit einander verwachsenen grossen, glatten, blasig aufgetriebenen, hohlen Falten und Lappen (Taf. III Fig. 2). Basidien 13—15 μ Durchmesser. Sporen länglich 10 μ lang, 5—6 μ breit, keimen mit unmittelbarer Erzeugung von Hefezellen, welche sofort abfallen und weiter sprossen, ohne jemals Sprossverbände zu bilden. Kuglige Hefen von 4—5 μ Durchmesser.

Blumenau, Brasilien.

26. Tremella fucoides nov. spec.

Unregelmässige, im Ganzen längliche, zittrig gallertige, gelbbraune, nach den Enden zu stumpf zweitheilig oder auch geweihartig endende hohle, bis zu 3 cm lange Blasen mit durchscheinenden Wänden, zu mehreren in büschelartige Gruppen vereint (Taf. II Fig. 2). Basidien länglich oval 10—15 μ Durchmesser. Sporen 8 μ lang, 6—7 μ breit; bilden die Hefen entweder unmittelbar oder an kurzen, dünnen, sterigmaartigen Fäden. Rundliche Hefen von 6 μ Durchmesser, die keine Verbände bilden.

Blumenau, Brasilien.

27. Tremella damaecornis nov. spec.

Kaum über 1 cm grosse, unregelmässig gestaltete, mit geweihartigen Endigungen versehene, aufrecht stehende, knorpelig gallertige, vom Hymenium allseitig überzogene Lappen und Säulchen von hellgelber Farbe (Taf. IV Fig. 9). Basidien 7—9 μ Durchmesser. Sporen 5—7 μ. Lassen die Hefen entweder unmittelbar oder am Ende kurzer Keimschläuche aussprossen. Ovale Hefen von 4—5 μ Länge und 3 μ Breite, welche unendlich weiter sprossen ohne Verbände.

Blumenau, Brasilien.

28. Tremella dysenterica nov. spec.

Weichschleimige Gallertmassen von wenigen Centimetern Ausdehnung an sehr nassen Holzstückchen. Farbe hell wässrig, gelblich bis dunkelgelb mit blutrothen Streifen und Striemen. Nur die blutrothen Stellen tragen das Hymenium. Basidien 10—12 μ Durchmesser. Sporen 6—9 μ. Bilden unmittelbar aussprossende, rundliche Conidien von 3 μ Durchmesser, welche in derselben Nährlösung, in der sie gebildet werden, im Gegensatz zu allen anderen Tremella-Arten nicht weiter sprossen.

An faulenden, an Bachrändern liegenden Holzstückchen im Walde bei Blumenau, Brasilien.

4. Protopolyporeen.

Tremellaceen mit einem nach dem Muster der Polyporeen ausgebildeten Hymenium.

Protomerulius nov. gen.

In allen Stücken der Gattung Merulius makroskopisch gleich, doch mit Tremellineenbasidien.

29. Protomerulius brasiliensis nov. spec.

Weiss. Mycel durchzieht die morschen Reste von Jacaratia dodecaphylla und breitet sich darauf strahlenförmig, fast strangartig aus. Hyphen 3 μ stark, schnallenlos. Basidien nur 7—8 μ Durchmesser, über Kreuz viergetheilt. Ovale Sporen von 4—5 μ.

Im Walde bei Blumenau, Brasilien.

5. Protohydneen.

Tremellaceen mit einem nach dem Muster der Hydneen ausgebildeten Hymenium.

Protohydnum nov. gen.

Fruchtkörper resupinat, von wachsartiger Beschaffenheit, dicht besetzt mit stumpf kegelförmigen, vom Hymenium bedeckten Erhebungen.

30. Protohydnum cartilagineum nov. spec.

Hellgelbliche, bis 3 mm dicke, wachsartig weiche, morsche Aeste überziehende Kruste von unregelmässiger Umgrenzung, bis zu Handtellergrösse. Dicke, stumpfkegelförmige, bis 5 mm hohe Erhebungen, dicht gedrängt auf der Oberfläche (Taf. III Fig. 1). Basidien länglich, 15 μ lang, oben und unten etwas eingedrückt, 9—10 μ breit, Länge der Sterigmen 30 μ. Die Sporen sitzen gerade auf den Sterigmen, sind 9 μ lang, 4—5 μ breit.

Blumenau, Brasilien.

VI. Hyaloriaceen.

(Seite 137.)

Hyaloria nov. gen.

Gesellig, büschel- oder gruppenweise auftretende, gestielte, am Ende schwach kopfig verdickte, gallertige Pilze, Basidien, Sterigmen und Sporen sind eingesenkt in ein sie überragendes Gewirr von sterilen Fäden, welche ein unmittelbares Freiwerden der Sporen nicht zulassen. Die Sporen werden daher auch nicht abgeschleudert.

31. Hyaloria Pilacre nov. spec.

Hell wässerige bis milchglasartige Säulchen, bis 2 cm hoch bei 4 mm grösstem Durchmesser. Der etwas verdickte Kopf feucht glänzend (Taf. I Fig. 3). Die tief unter der Oberfläche, aber in einer Schicht angelegten Basidien länglich, 14 μ lang, 7 μ breit, Sterigmen ziemlich gleichmässig, 9 μ lang, Sporen länglich oval, 7 μ lang, finden sich in grossen Mengen frei zwischen den peridienartig das Hymenium überdeckenden Hyphen.

Blumenau, Brasilien. Besonders üppig an faulenden Palmiten (Euterpe).

Ausserdem sind zwei neue Autobasidiomyceten in der Arbeit erwähnt, nämlich:

1. Hemingsia geminella nov. gen. et nov. spec. (eine Polyporee) (Seite 41),
2. Matruchotia complens. nov. spec. (Seite 150).

Erklärung der Abbildungen.

Tafel I.

Fig. 1. Auricularia auricula Judae (Linné 1753: Tremella Au. J., Auricularia sambucina Martius). $^1/_2$ der natürlichen Grösse. Aufgenommen den 13. April 1891 zu Blumenau. Fünf Fruchtkörper, welche den Uebergang vom ganz glatten bis zu dem mit einem regelmässigen wabig netzigen Hymenium zeigen.

Fig. 2. Tremella compacta nov. spec. Natürliche Grösse. Ein ganzer und ein längs durchschnittener Fruchtkörper. Aufgenommen den 17. März 1892 zu Blumenau.

Fig. 3. Hyaloria Pilacre nov. gen. et nov. spec. Natürliche Grösse. Aufgenommen den 23. Juli 1891 zu Blumenau.

Fig. 4. Pilacre Petersii (Berk. et Br.) Brefeld; forma brasiliensis. Natürliche Grösse. Aufgenommen 15. Juli 1891 zu Blumenau.

Fig. 5. Tremella fuciformis Berk. Natürliche Grösse. Aufgenommen den 25. Januar 1893 zu Blumenau.

Tafel II.

Fig. 1. Tremella undulata Hoffmann. $^1/_2$ der natürlichen Grösse. Aufgenommen den 1. März 1893 zu Blumenau.

Fig. 2. Tremella fucoides nov. spec. $^2/_3$ der natürlichen Grösse. Die Abbildung stellt zwei Exemplare dar, welche enge zusammengeschoben sind aus Rücksichten des Raumes; in Wirklichkeit waren sie an demselben Stamme, aber in einiger Entfernung von einander gewachsen. Das obere ist an der Anheftungsstelle abgenommen, und man sieht nichts mehr von der Rinde, welcher es aufsass. An dem unteren sieht man links ein Stück der Rindenschuppe, unter der die Tremella hervorbrach. Aufgenommen den 20. März 1892 zu Blumenau.

Fig. 3. Tremella fibulifera nov. spec. Natürliche Grösse. Aufgenommen den 16. Oktober 1891 zu Blumenau.

Fig. 4. Exidiopsis ciliata nov. spec. Natürliche Grösse. Aufgenommen den 1. März 1893 zu Blumenau.

Tafel III.

Fig. 1. Protohydnum cartilagineum nov. gen. et nov. spec. $^2/_3$ der natürlichen Grösse. Aufgenommen den 16. Juni 1891 zu Blumenau.

Fig. 2. Tremella spectabilis nov. spec. $^1/_{10}$ der natürlichen Grösse. Aufgenommen den 20. Juni 1892 zu Blumenau.

Fig. 3 u. 4. Protomerulius brasiliensis nov. gen. et nov. spec. Natürliche Grösse. Aufgenommen den 24. August 1891 zu Blumenau.

Tafel IV.

Fig. 1. Stypinella orthobasidion nov. spec. Schnallentragende Fadenenden mit Basidien. Zwei Basidien (rechts) haben Sporen abgeworfen und sind inhaltlos mit sehr dünnen Wänden. Abgeworfene Sporen, von denen eine die Sekundärspore bildet. Vergr. 1 : 500.

Fig. 2. Saccoblastia sphaerospora nov. gen. et nov. spec. Basidien mit den entleerten sackartigen Bildungen (Teleutosporen) am Grunde. Eine eben aus dem Sacke hervorspossende junge Basidie. Abgefallene Sporen keimend. Vergr. 1 : 500.

Fig. 3. Saccoblastia ovispora nov. gen. et nov. spec. a) Fäden mit Basidien. Links eine entleerte, zusammenschrumpfende Basidie. An der die Basidie tragenden Zelle der birnenförmige Sack. Vergrösserung 1 : 220. b) c) d) der birnenförmige Sack und die Basidie in verschiedenen Entwickelungszuständen. Vergr. 1 : 500. e) Keimung der Spore, Scheidewandbildung, Sekundärsporenbildung und Bildung der Conidien (Spermatien) an der Spore unmittelbar oder an den Keimschläuchen. Vergr. 1 : 500. f) Gekeimte Spore mit den ringsum liegenden, unter einander durch eine unsichtbare Gallertmasse verklebten Conidien (Spermatien). Vergr. 1 : 220.

Fig. 4. Jola Hookeriarum nov. gen. et nov. spec. a) Zwei von dem Pilze befallene Moosfrüchte. Natürliche Grösse. b) Basidienbildung. Rundlich angeschwollene Tragzellen (Teleutosporen) der Basidien. Vergr. 1 : 500. c) Spitze einer Basidie, Bildung der Spore. Vergr. 1 : 500. d) Basidie mit Sterigmen vor der Sporenbildung. Vergr. 1 : 500. e) Die aus dem gallertigen Lager ins Freie ragenden Sporen. Vergr. 1 : 500. f) Abgefallene, nicht gekeimte Sporen. Vergr. 1 : 500. g) Sekundärsporenbildung. Vergr. 1 : 500.

Fig. 5. Platygloea blastomyces nov. spec. a) Fruchtkörper auf Rinde. Natürliche Grösse. b) Fadenförmige Basidien. Bei der rechts befindlichen ist die unterste Theilzelle entleert und das Sterigma zur Unsichtbarkeit geschwunden. Vergr. 1 : 500. c) Die aus dem Lager hervorragenden Sporen. Vergr. 1 : 500. d) Keimung der Sporen. Sekundärsporenbildung; Bildung der weitersprossenden Hefeconidien. Vergr. 1 : 500. e) Keimung der Hefeconidien. Vergr. 1 : 500.

Fig. 6. Stypella papillata nov. gen. et nov. spec. Ein Theil aus dem lockeren Fadengeflecht des Pilzes, durchzogen von den oben hervorragenden, schlauchartigen Zellen und mit Basidien frei an den Fäden. Vergr. 1 : 270. Daneben eine Spore, welche die Ansatzstelle am Sterigma erkennen lässt, und zwei nur durch je eine Scheidewand getheilte Basidien. Vergr. 1 : 1000.

Fig. 7. Stypella minor, nov. gen. et. nov. spec. Theil des lockeren Fadengeflechts des Pilzes mit unregelmässig angeordneten Basidien und den bündelweise hervorragenden stärkeren Hyphen. Vergr. 1 : 270.

Fig. 8. Heterochaete Sae Catharinae nov. spec. Längsschnitt durch den oberen Theil des Fruchtkörpers, welcher die Anordnung der Basidien und drei (hier als setulae von Patouillard bezeichnete) Papillen zeigt. Vergr. 1 : 150. Daneben eine entleerte Basidie und eine reife Spore. Vergr. 1 : 500.

Fig. 9. Tremella damaecornis. [illegible] der natürlichen Grösse.

Fig. 10. Zwei Basidien einer mit Tr. mesenterica nahe verwandten Form: Zurückgreifen der Conidienbildung auf die Sterigmen der Basidien, welche häufig nur eine Scheidewand besitzen. Vergr. 1 : 500.

Fig. 11. Tremella anomala nov. spec. a) Die gekeimte Spore, umgeben von den fest zusammenhaltenden länglichen Hefesprosszellen. Vergr. 1 : 500. b) Die Wasserkeimung der Sporen. Vergr. 1 : 500; darunter Sporen, die in verschiedener Weise mit zunächst noch unregelmässig gestalteten Sprosszellen auskeimen, und keimende Hefezellen. Vergr. 1 : 500.

Fig. 12. Tremella compacta nov. spec. a) Fäden aus dem Innern des festen Fruchtkörpers mit den conidienartigen Sprosszellen seitlich der Fäden. Vergr. 1 : 500. b) Auskeimung einer solchen Fadengruppe, wie a, in Nährlösung, die Keimfäden besitzen Schnallen. Von den conidienartigen Sprosszellen geht reiche Hefesprossung aus. Vergr. 1 : 500. c) Die Basidien; links eine normal gebildete, dann abweichende Ausnahmefälle, welche die Verwandtschaft des Auriculariaceentypus mit dem der Tremellaceen erläutern. Vergr. 1 : 500. d) Sekundärsporenbildung und ungewöhnliche Anschwellung der Sporen. Vergr. 1 : 500. e) Keimende Spore mit noch unregelmässig grossen und anhaftenden Sprossconidien. Vergr. 1 : 500. f) Normale Keimung der Sporen mit sofort abfallenden Hefezellen. Vergr. 1 : 500. g) Weiter sprossende Hefen, welche constante Grösse annehmen. Vergr. 1 : 500.

Fig. 13. Tremella fuciformis Berk. Ein normaler und zwei ungewöhnliche Fälle der Sekundärsporenbildung. Vergr. 1 : 600.

Fig. 14. Eigenartige Conidienform einer vorläufig nicht benannten neuen Tremelline. Die Conidien sitzen auf kurzen Sterigmen. Vergr. 1 : 500.

Fig. 15. Tremella lutescens (forma brasiliensis). Basidie und Conidienträger von Blumenauer Exemplaren. Daneben auskeimende Hefezellen, welche von den Conidien des Fruchtkörpers herstammen. An jeder Scheidewand des Keimschlauchs eine Schnalle; eine Hefen erzeugende Spore. Vergr. 1 : 600.

Fig. 16. Tremella Auricularia nov. spec. Eine Hefen erzeugende Spore mit den festsitzenden sterigmaartigen Aussackungen; zwei ausnahmsweise aufgetretene Fälle von doppelter und dreifacher Sekundärsporenbildung. Vergr. 1 : 500.

Fig. 17. Tremella fucoides nov. spec. Auskeimung der Sporen und Hefebildung. Vergr. 1 : 500.

Tafel V.

Fig. 18 bis 33. Pilacrella delectans nov. spec.

Fig. 18. Der Kopf eines im Freien gefundenen Fruchtkörpers in einen Wassertropfen gelegt, umgeben von den alsbald sich ablösenden Sporenmassen. Vergr. 1 : 70.

Fig. 19. Eines der Haare, welche die Hülle des Kopfes bilden, in Zusammenhang mit dem Ansatze einer Basidie. Vergr. 1 : 200.

Fig. 20. Basidien des Pilzes und 6 abgefallene Sporen. Vergr. 1 : 500.

Fig. 21. Auskeimende Basidienspore. Vergr. 1 : 500.

Fig. 22. Desgl. wie vor. An den Verzweigungen des Mycels werden grosse Conidien gebildet. Vergr. 1 : 500.

Fig. 23. Bildung der Conidien an den Fäden des Mycels. Vergr. 1 : 500.

Fig. 24. Keimung einer Basidienspore mit kurzen Mycelfäden, welche an ihren zugespitzten Enden spermatienartige Conidien abschnüren. Vergr. 1 : 500.

Fig. 25. Allmähliche Abschnürung der spermatienartigen Conidien, welche sich vor der abschnürenden Spitze (durch unsichtbare Gallertsubstanz verklebt) in eine Doppelreihe ordnen. a) Um 9 Uhr, b) um 9 Uhr 20 Min., c) um 9 Uhr 40 Min., d) um 10 Uhr 20 Min. Vergr. 1 : 500.

Fig. 26. Drei auskeimende Conidien. Die grossen Conidien können unmittelbar aussprossen. Bildung grosser und kleiner Conidien (Spermatien) an demselben, noch sehr kleinen Mycel. Vergr. 1 : 500.

Fig. 27. Die vor einer abschnürenden Fadenspitze liegenden kleinen Conidien (Spermatien) schwellen allmählich an (a). Sehr lange Reihe verklebter Spermatien (b). Grosse und kleine Conidien werden dicht neben einander (d), ja bei c sogar von demselben Fadenende nach einander abgeschnürt. Vergr. 1 : 500.

Fig. 28 und 29. Die Conidienbildung im allmählichen Uebergange zur Basidienbildung. Vergr. 1 : 500.

Fig. 30. Die erste Basidie erscheint an einem bisher nur Conidien tragenden Fadensysteme. Vergr. 1 : 500.

Fig. 31. Auf dem Objektträger erzogener Fruchtkörper des Pilzes, der noch nicht zur Köpfchenbildung vorgeschritten ist, sondern die Basidien vorzugsweise in dem mittleren Theile trägt. Vergr. 1 : 115.

Fig. 32. Reifer, auf dem Objektträger erzogener Fruchtkörper, welcher als seltene üppige Ausnahme auf einem Stiele vier getrennte, von Hüllen umgebene Köpfchen aufweist. Vergr. 1 : 9.

Fig. 33. Normaler einköpfiger, auf dem Objektträger erzogener Fruchtkörper. Vergr. 1 : 9.

Fig. 34. Tremellodon gelatinosum aus Blumenau. a) Langgestielter Fruchtkörper des Pilzes. Natürliche Grösse. b) Andere (auch ein ungestielter) Fruchtkörperformen. Natürliche Grösse. Daneben Basidien und Sporen; Unregelmässigkeiten in der Basidienbildung; Zerfall der Basidientheilzellen. Vergr. 1 : 500.

Fig. 35. Protohydnum cartilagineum nov. gen. et nov. spec. a) Querschnitt durch den Fruchtkörper. Natürliche Grösse. b) Querschnitt durch das Hymenium mit Basidienanlagen. c) Basidien. Vergr. 1 : 560.

Fig. 36. Protomerulius brasiliensis nov. gen. et nov. spec. Schräger Schnitt durch das Hymenium, und einzelne Basidien. Vergr. 1 : 650.

Fig. 37. Hyaloria Pilacre nov. gen. et nov. spec. a) Längsschnitt durch einen jungen Fruchtkörper. Vergr. 1 : 5. b) Theil eines Längsschnittes durch den Kopf des Pilzes. Vergr. 1 : 80. c) bis e) Basidien- und Sporenbildung. Vergr. 1 : 1080.

Tafel VI.

Alle Figuren von Sirobasidium Brefeldianum nov. spec.

Fig. 38. Ein Theil der Fadenverzweigungen und Endigungen aus einer sehr jungen Anlage des Pilzes. Vergr. 1 : 500.

Fig. 39. Eine ausgekeimte Spore des Pilzes, aus der ein Mycel entstanden ist, welches an einzelnen Mycelspitzen Conidien abschnürt. Vergr. 1 : 500.

Fig. 40. Hefesprossung, als Ausnahme Fadenkeimung der so gebildeten Conidien. Vergr. 1 : 500.

Fig. 41. Ein Theil der die Basidienketten tragenden Fäden aus dem reifen Zustande des Pilzes. Vergr. 1 : 220.

Fig. 42. Ausnahmsweise in grösserer Zahl zusammenhängende Hefeconidien. Andere keimen zu kurzen Fäden aus und lassen dann wieder Hefen auskeimen. Vergr. 1 : 500.

Fig. 43. Auskeimung zweier Basidiensporen. Vergr. 1 : 500.

Fig. 44. Basidienbildung. Eine Basidie mit ausnahmsweise senkrechter Scheidewand. Vergr. 1 : 500.

Fig. 45. Freie, z. Th. unregelmässige Basidienbildungen. Vergr. 1 : 500.

Fig. 46. Unregelmässigkeit bei der Basidienbildung. Vergr. 1 : 500.

Fig. 47. Hefen, welche lange Sprossgenerationen durchgemacht haben, keimen mit feinen Fäden aus. Vergr. 1 : 500.

Fig. 48. Die regelmässige Basidienbildung in ihren verschiedenen Zuständen und Formen. Vergr. 1 : 500.

Fig. 49. a) Die abgeworfenen runden Sporen. b) Die abgepflückten ovalen Sporen. Dazwischen Verschiedenheiten der Sporenkeimung. Vergr. 1 : 500.

Lippert & Co. (G. Pätz'sche Buchdr.), Naumburg a S.

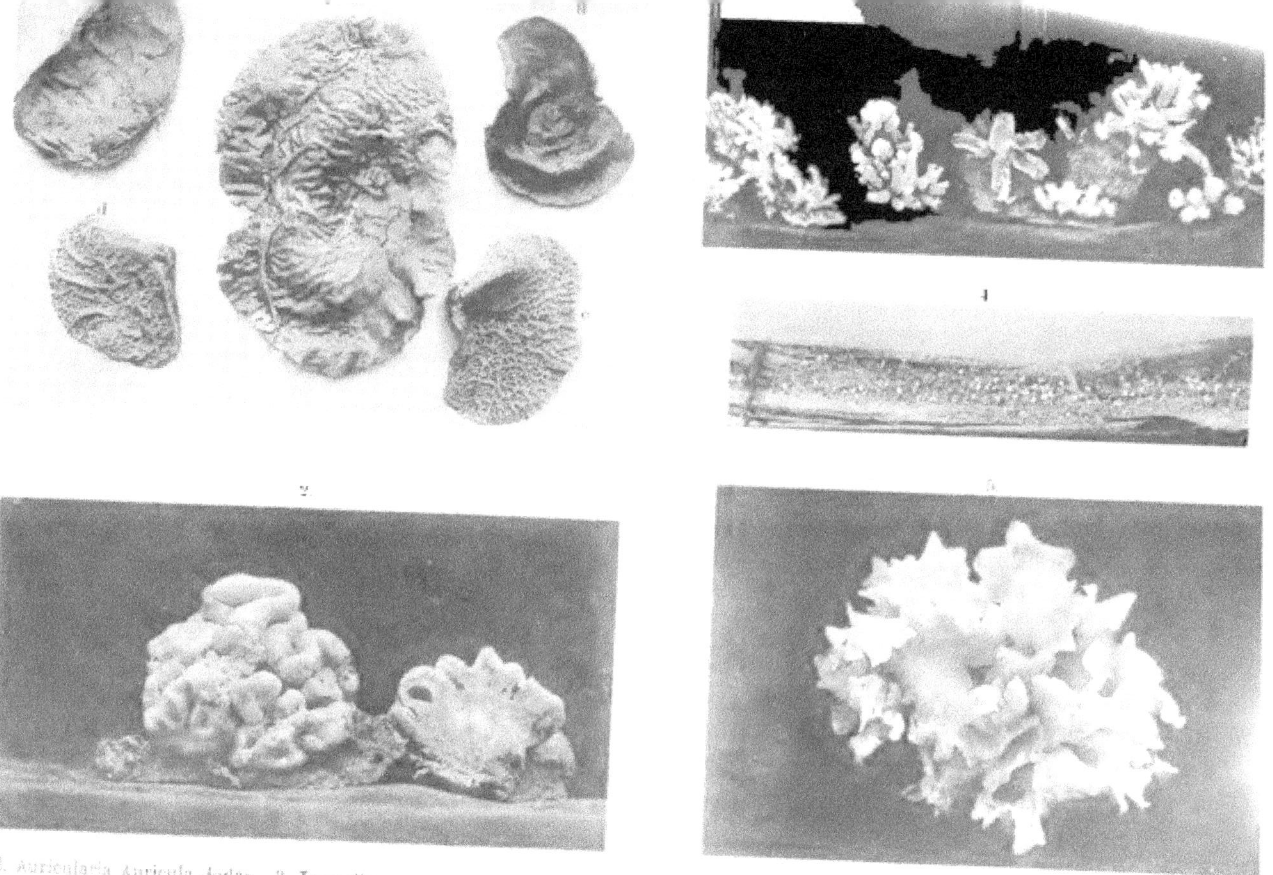

1. Auricularia Auricula Judae. 2. Tremella compacta. 3. Hyaloria Pilacre. 4. Pilacre Petersii, forma brasiliensis. 5. Tremella fuciformis.

1. Tremella undulata, forma brasiliensis. 2. Tremella fucoides. 3. Tremella fibulifera.
4. Exidiopsis ciliata.

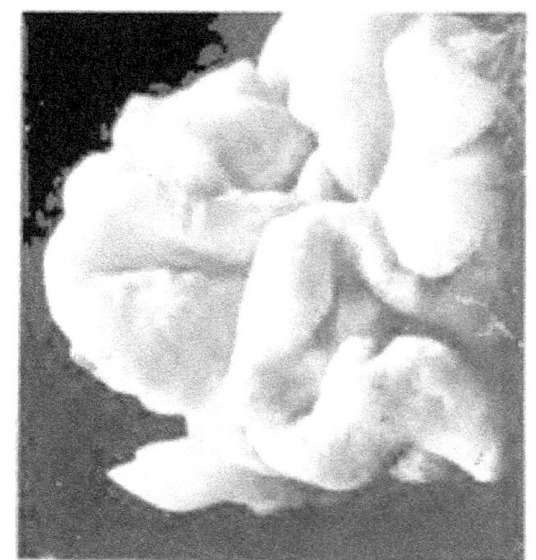

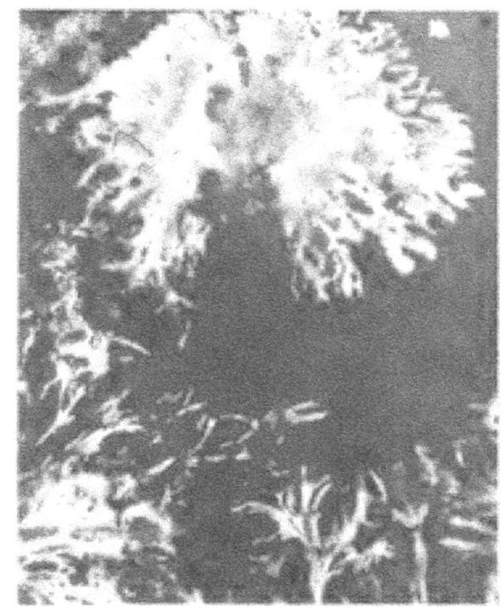

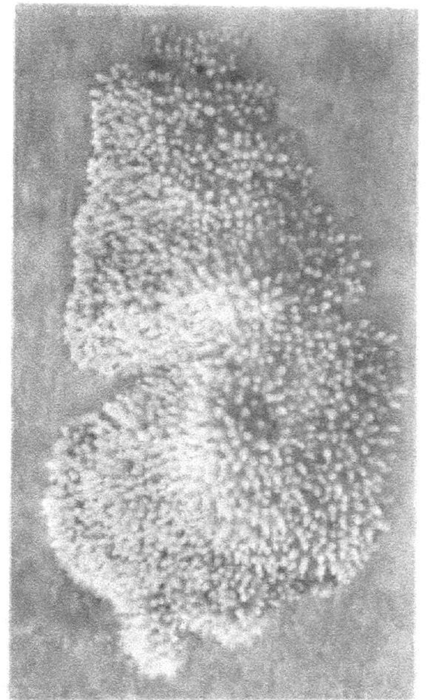

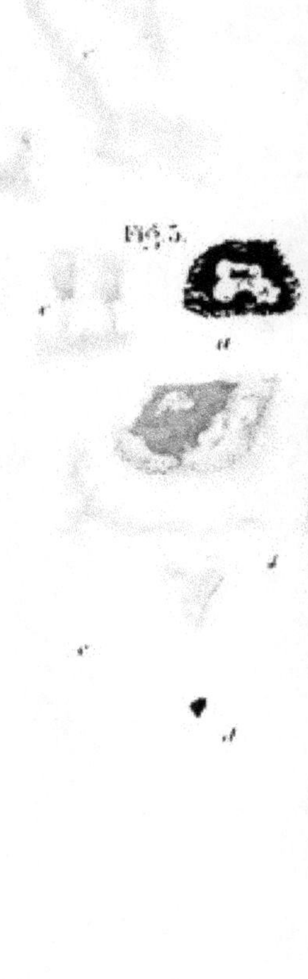
Fig. 5.

Fig. 11.

Fig. 8

Fig. 13

Fig. 14

Fig. 12.

Fig. 15.

Fig. 16

Fig. 17.

Fig. 22.

Fig. 23.

Fig. 32

b

Fig. 30.

c

a

Fig. 35.

b

Fig. 36

Fig. 37

a

Fig. 31

c

d

b

Fig. 39.

Fig. 40.

Fig. 41.

Fig. 42.

Fig. 43.

Fig. 44.

www.ingramcontent.com/pod-product-compliance
Lightning Source LLC
Chambersburg PA
CBHW021708210326
41599CB00013B/1563
* 9 7 8 3 7 4 2 8 5 5 7 0 1 *